少年伽利略

Galileo

Contents

何謂「向量」？

「純量」與「向量」有何差異？

向量是具有大小與方向的量

在我們的周遭，有許多能夠用數字來表示的量。

溫度與氣壓、體重（質量）以及身高（長度）等，皆能夠用一個數字的大小加以表示。舉例來說：溫度是攝氏25℃、氣壓是1013百帕、體重是65公斤、身高是170公分等等。像這樣能夠只用一個數字來表示的量，就稱為「純量」（scalar）。

那麼，如果是風呢？例如，風必須

純量的範例

圖為周遭常見的純量範例（框中文字）。純量可以說是只用一個數字就能表示的量。

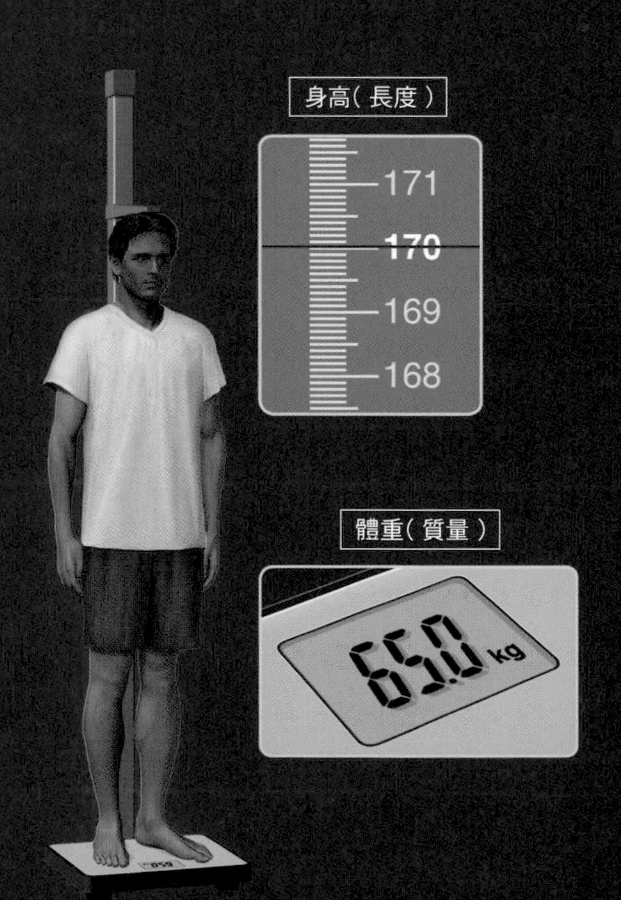

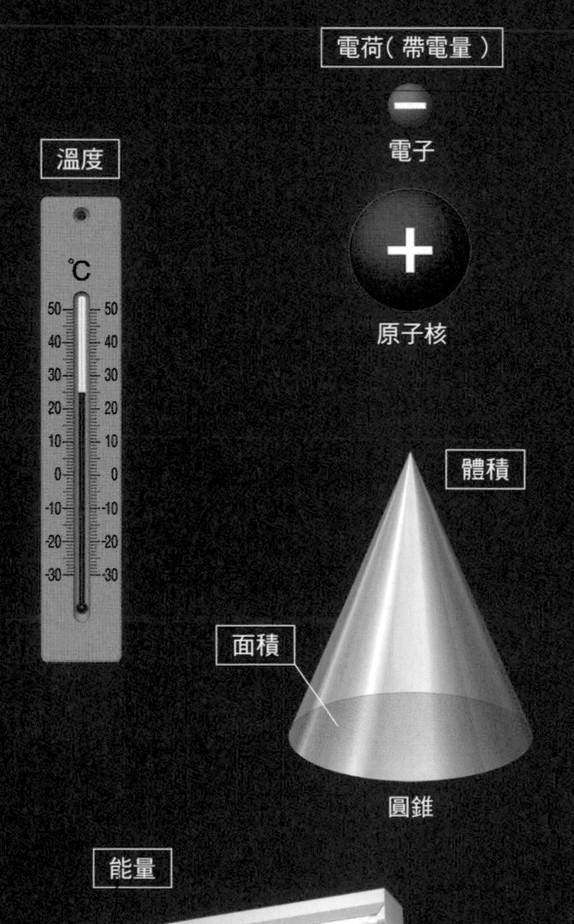

以「秒速5公尺」來表示其大小，以「朝東（西風）」來表示其方向。也就是說，風不能只用數字大小來表示，它是同時具有方向性的量。像這樣具有「大小與方向」的量，就稱為「向量」（vector）。

表示向量時要使用箭頭。若以風為例，就是用向量的長度（而非粗細）來表示風速，以箭頭方向來表示風的行進方向。

向量的範例 ①

風即是周遭常見的向量範例。向量是具有大小與方向的量，以向量的長度來表示大小，以箭頭的方向來表示方向。

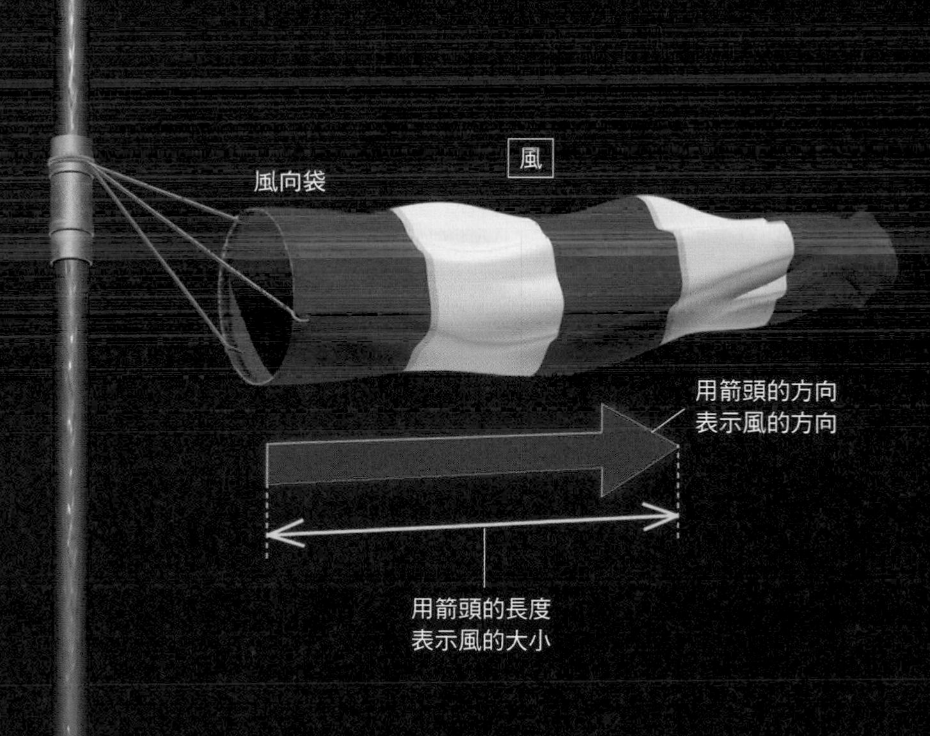

何謂「向量」？

用向量來理解物體的運動

向量可用來表示「力」與「速度」

說到以向量來表示量的範例，除了前頁所舉的風之外，周遭還有很多能夠以向量來表示量的例子。

例如在推動冰箱時，推力同時具有大小與方向。當網球因重力而落下時，重力也同時具有大小與方向。飛機在飛行、車輛在行進的時候，其速度也同樣具有大小與方向。

像這樣作用於物體的各種「力」與物體的「速度」，都同時具有大小與方向。從投球的拋體運動到地球繞太陽的公轉運動，想要理解萬般物體的運動，具備向量的概念是不可或缺的一環。

此外，向量對於了解電力與磁力也是必不可少（詳見第66～77頁）。

向量的範例 ②

圖為周遭常見的向量範例（框中文字）。向量是具有大小與方向的量，以向量的長度來表示大小，以箭頭的方向來表示方向。

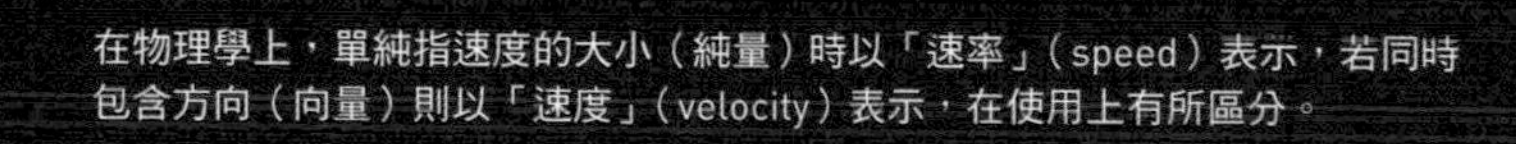

在物理學上，單純指速度的大小（純量）時以「速率」（speed）表示，若同時包含方向（向量）則以「速度」（velocity）表示，在使用上有所區分。

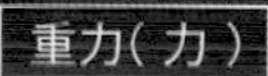

速度

速度的向量加法運算

船隻在流動的河川上會如何前進？

船隻會抵達箭頭合成後的位置

這裡以橫渡流動河川的船隻為範例，來介紹向量的「使用方法」（左頁圖）。

設想相對於河水，船隻以秒速 1 公尺朝插圖上方行駛，而河川水流則是以秒速 1 公尺朝插圖右方流動。向量是在字母等的上方放置箭頭（→），或是將字母等文字加粗來表示。後續內容也會頻繁出現這種表示方法。在此，假設相對於河水的船隻速度為 $\vec{a}$

橫渡流動河川的船隻

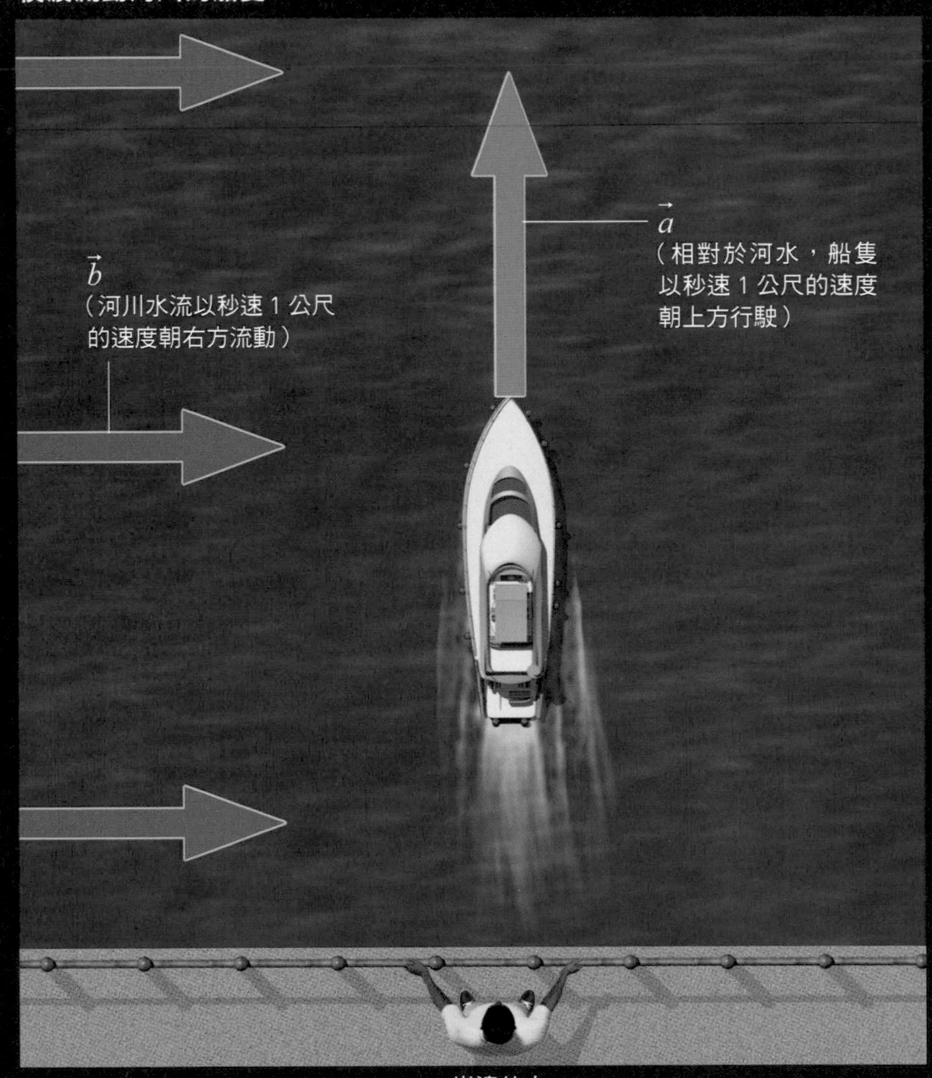

岸邊的人

（向量 a），河川水流的速度為 $\vec{b}$（向量 b）。

在這樣的情境中，站在岸邊者所看到的船隻速度會是如何呢？當船隻以 $\vec{a}$ 箭頭的長度向量前進時，河川水流則是以 $\vec{b}$ 箭頭的長度向量在流動。也就是說，船隻會抵達 $\vec{a}$ 箭頭加上 $\vec{b}$ 箭頭後的位置（右頁圖）。這就是「向量的加法運算」，以 $\vec{a}+\vec{b}$ 來表示。

向量的加法運算方法

圖以在流動河川上的船隻速度為例，來表示向量的加法運算方法（第6～11頁）。

速度的向量加法運算

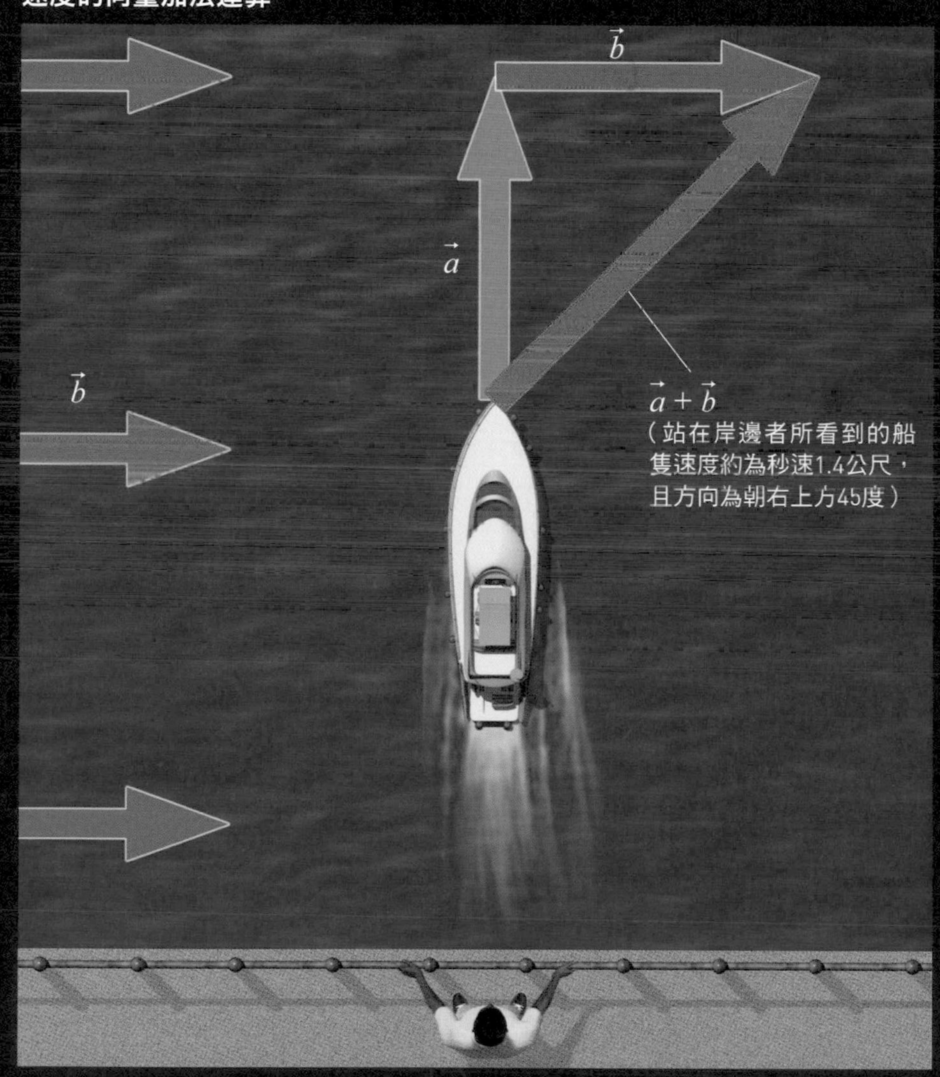

速度的向量加法運算

「1+1」不等於「2」的向量加法運算

相差90度的向量加法運算要用直角三角形來思考

用加法算出的速度向量，其長度為？

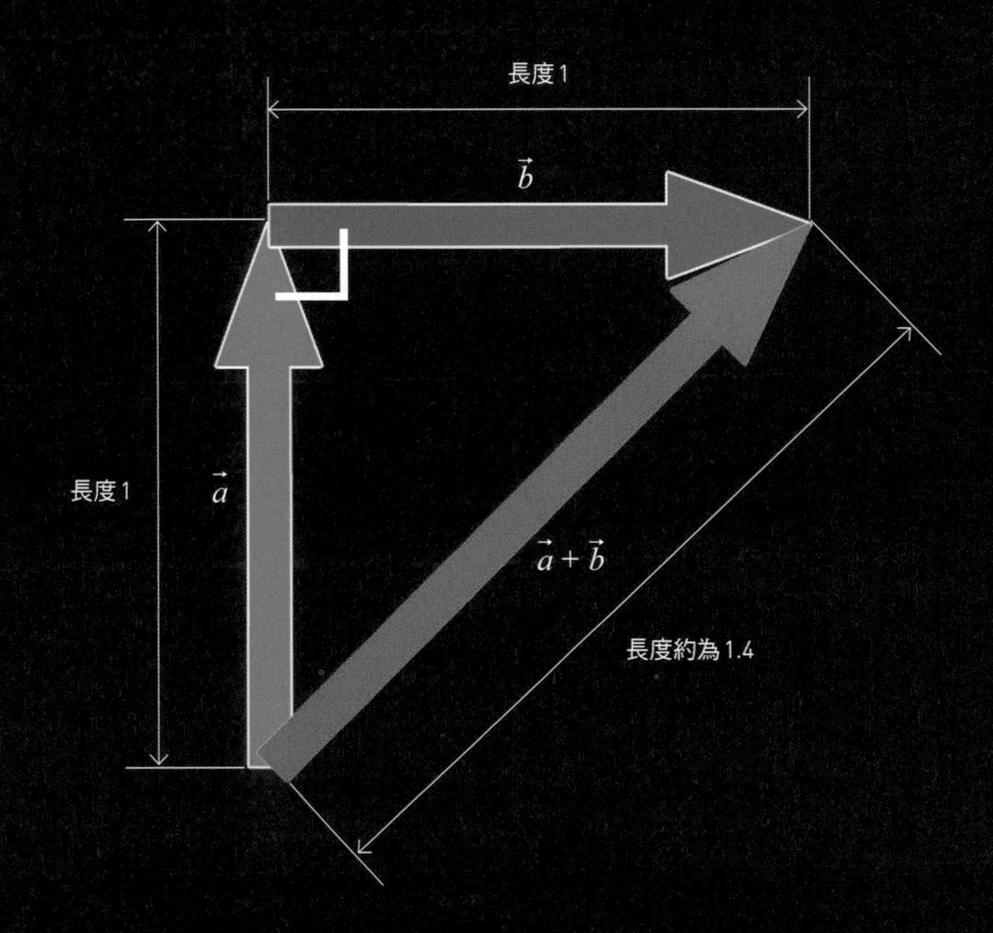

相對於河水的船隻速度$\vec{a}$以及河川水流的速度$\vec{b}$，兩者均為秒速1公尺。不過在該情境中，$\vec{a}+\vec{b}$的結果並不等於秒速2公尺（1＋1），因為$\vec{a}$與$\vec{b}$的方向相差了90度。

由$\vec{a}$、$\vec{b}$、$\vec{a}+\vec{b}$所構成的三角形，其$\vec{a}$與$\vec{b}$形成的角度為直角且$\vec{a}$、$\vec{b}$的長度相等，是為等腰直角三角形。根據「商高定理」（Pythagorean theorem，又稱勾股定理、畢氏定理），可以計算出（$\vec{a}+\vec{b}$的長度）^{2}＝（$\vec{a}$的長度）^{2}＋（$\vec{b}$的長度）^{2}＝1^2＋1^2＝2，故（$\vec{a}+\vec{b}$的長度）＝$\sqrt{2}$≒1.4（左頁圖）。

也就是說，$\vec{a}+\vec{b}$的長度通常並非直觀的「$\vec{a}$的長度＋$\vec{b}$的長度」（例外之後會介紹）。

商高定理（畢氏定理）

在直角三角形中，斜邊（位於直角對面的邊）的平方會等於另外2邊長平方和的定理。

畢達哥拉斯
（Pythagoras，前582左右～前496左右）

速度的向量加法運算

船隻移動方向的變化與向量加法運算

在任何情況下，向量的加法均會成立

1 朝右斜上方行駛的情況

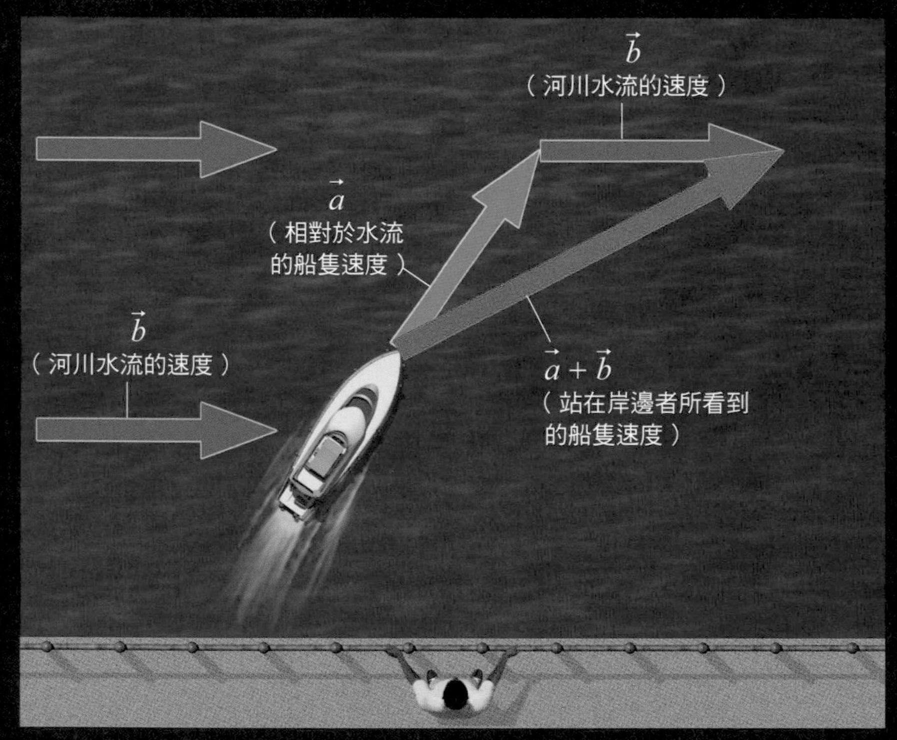

岸邊的人

2 朝左斜上方行駛的情況

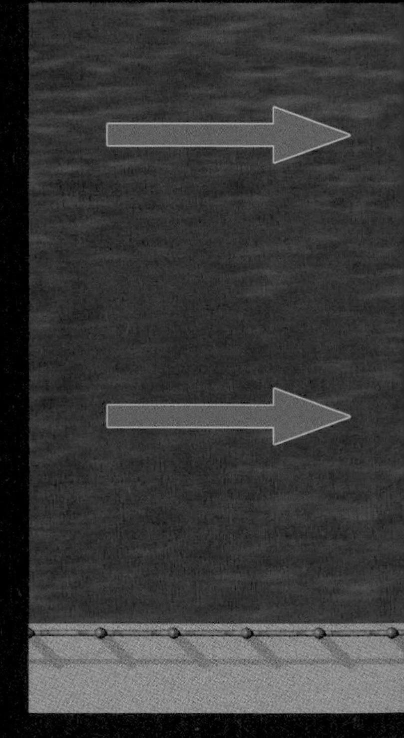

在第6～9頁的範例中，相對於河水的船隻速度 $\vec{a}$ 以及河川水流的速度 $\vec{b}$，兩者為正交（$\vec{a}$ 與 $\vec{b}$ 的方向相差90度），而且其向量長度（速度）均相同，但是這屬於十分特殊的例子。

然而，用箭頭合成的概念來進行向量加法運算的方法，在任何的情況下均會成立。不論船隻是朝右斜上方行駛（**1**）還是逆流朝左斜上方行駛（**2**），又或者是順著水流朝相同方向行駛（**3**），都可以運用相同的概念來思考。

此外，當情境如 **3** 那樣 $\vec{a}$ 與 $\vec{b}$ 的方向一致時，則 $\vec{a}+\vec{b}$ 的長度會等同於「$\vec{a}$ 的長度＋$\vec{b}$ 的長度」。

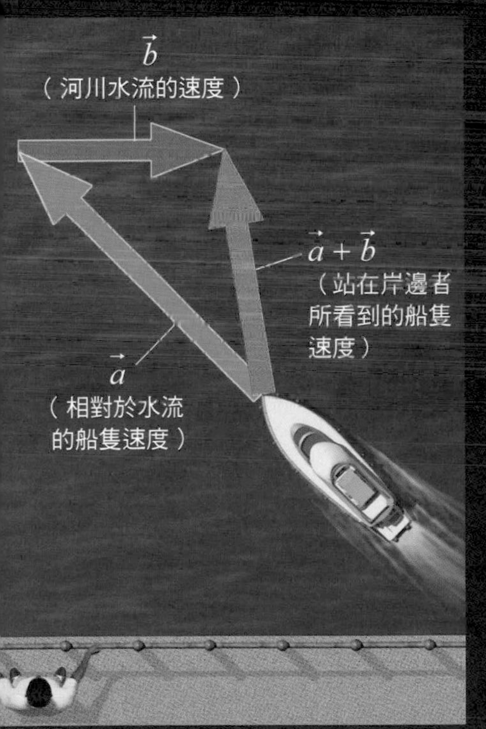

3　朝右方行駛的情況

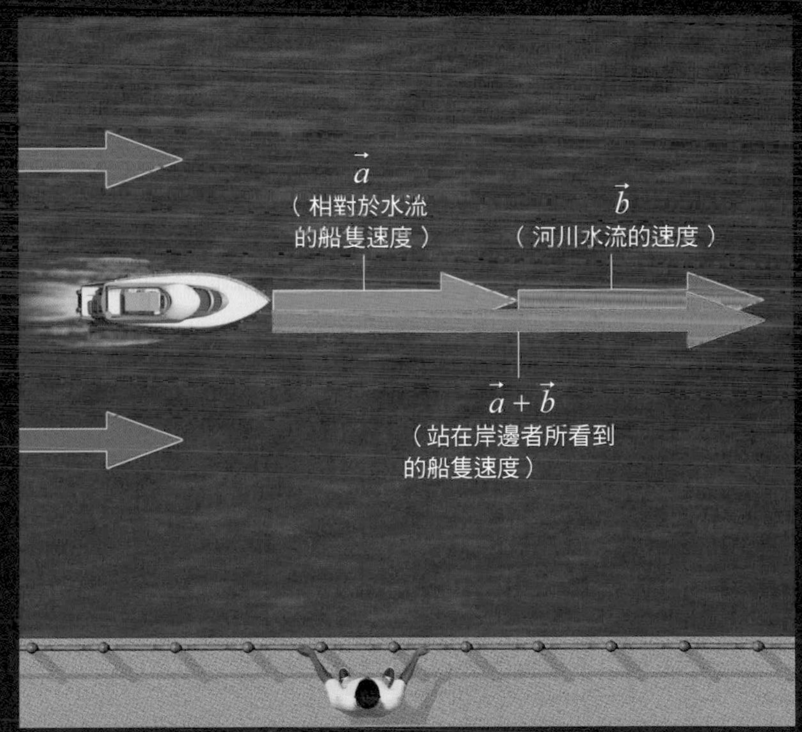

力的向量加法運算

物體被拉扯時的移動方式

如果在重物上繫2條繩子並拉扯……

接下來，看看以「力」為例所進行的向量加法運算吧。

右頁插圖所示為在一置於地面的物體上繫2條繩子並加以拉扯，從正上方觀看的模樣。一個人朝插圖上方以相當於1公斤的重量（重力）$\vec{a}$來拉扯，另一個人則朝右方以相當於1公斤的重量（重力）$\vec{b}$來拉扯。

那麼，物體會朝哪個方向移動呢（答案在第14～15頁）？

合力與向量的加法運算

圖以在置於地面的重物上繫2條繩子並加以拉扯時的力（合力）為例，來表示向量的加法運算方法（第12～17頁）。

此外，各頁插圖的視角均是從地面正上方觀看。

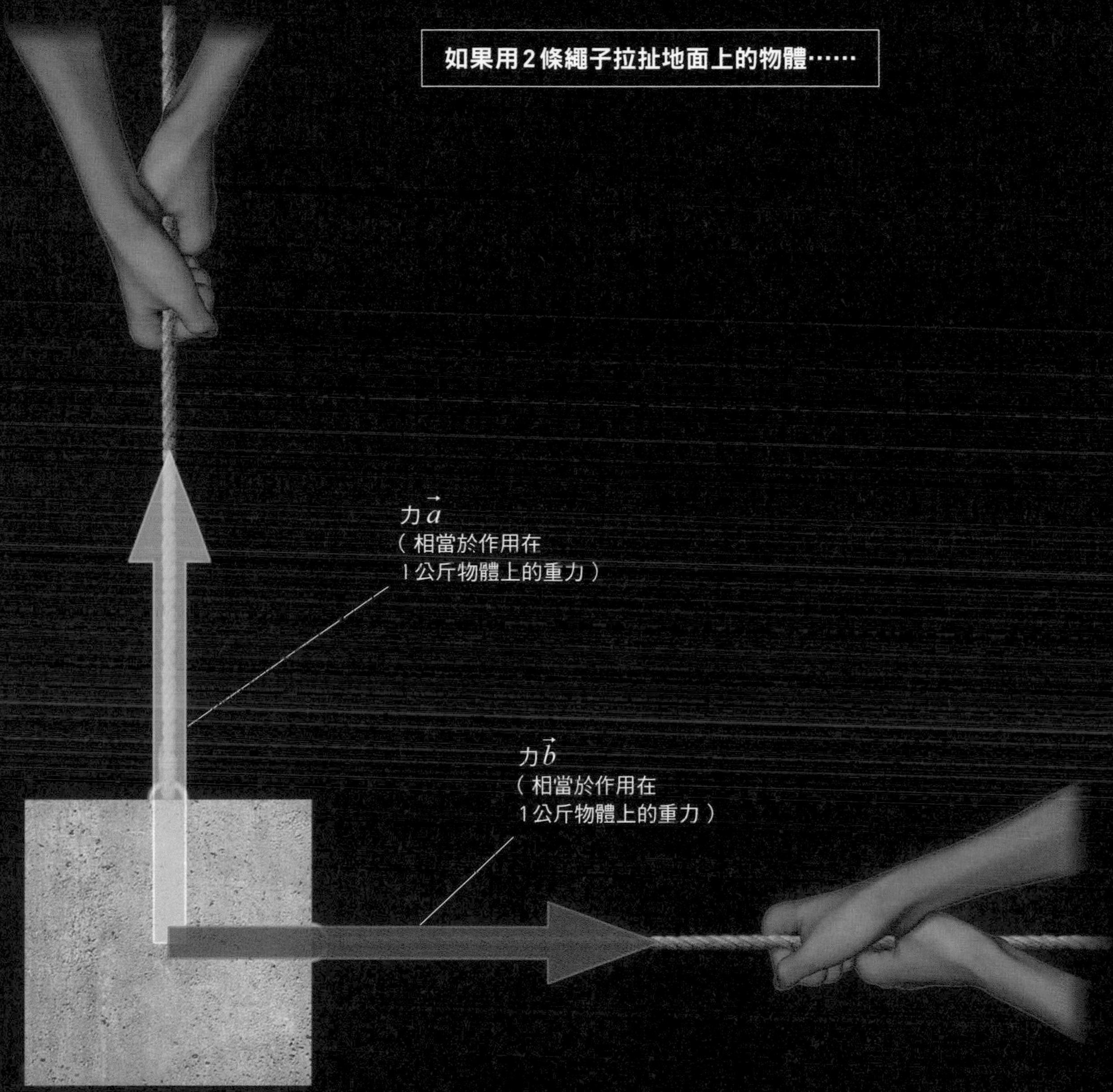

如果用2條繩子拉扯地面上的物體……

力 $\vec{a}$
（相當於作用在
1公斤物體上的重力）

力 $\vec{b}$
（相當於作用在
1公斤物體上的重力）

力的向量加法運算

向量的加法運算表示移動的方向

被拉扯的物體會朝對角線方向移動

如第12～13頁所示，拉扯置於地面上的物體時，該物體會朝右斜上方45度的方向移動（右圖）。這代表由 $\vec{a}$ 與 $\vec{b}$ 這兩個力合併造成的效果，與朝右斜上方45度的單一個力的效果一致。

像這樣，當兩個以上的力的效果與單一個力的效果一致時，就稱為「合力」。合力的向量會等於向量 $\vec{a}$ 與向量 $\vec{b}$ 這兩個力的和，也就是與 $\vec{a}+\vec{b}$ 一致。

$\vec{a}+\vec{b}$ 就如同在船隻與河川水流的範例中介紹的（第6～11頁），可以視為將 $\vec{b}$ 箭頭平行移動後與 $\vec{a}$ 箭頭的前端合成而得。另一方面，如果將 $\vec{a}$ 和 $\vec{b}$ 作為平行四邊形的 2 個邊（在該情況下是為特殊平行四邊形，即正方形）畫出來，$\vec{a}+\vec{b}$ 就會如右圖所示剛好成為對角線。

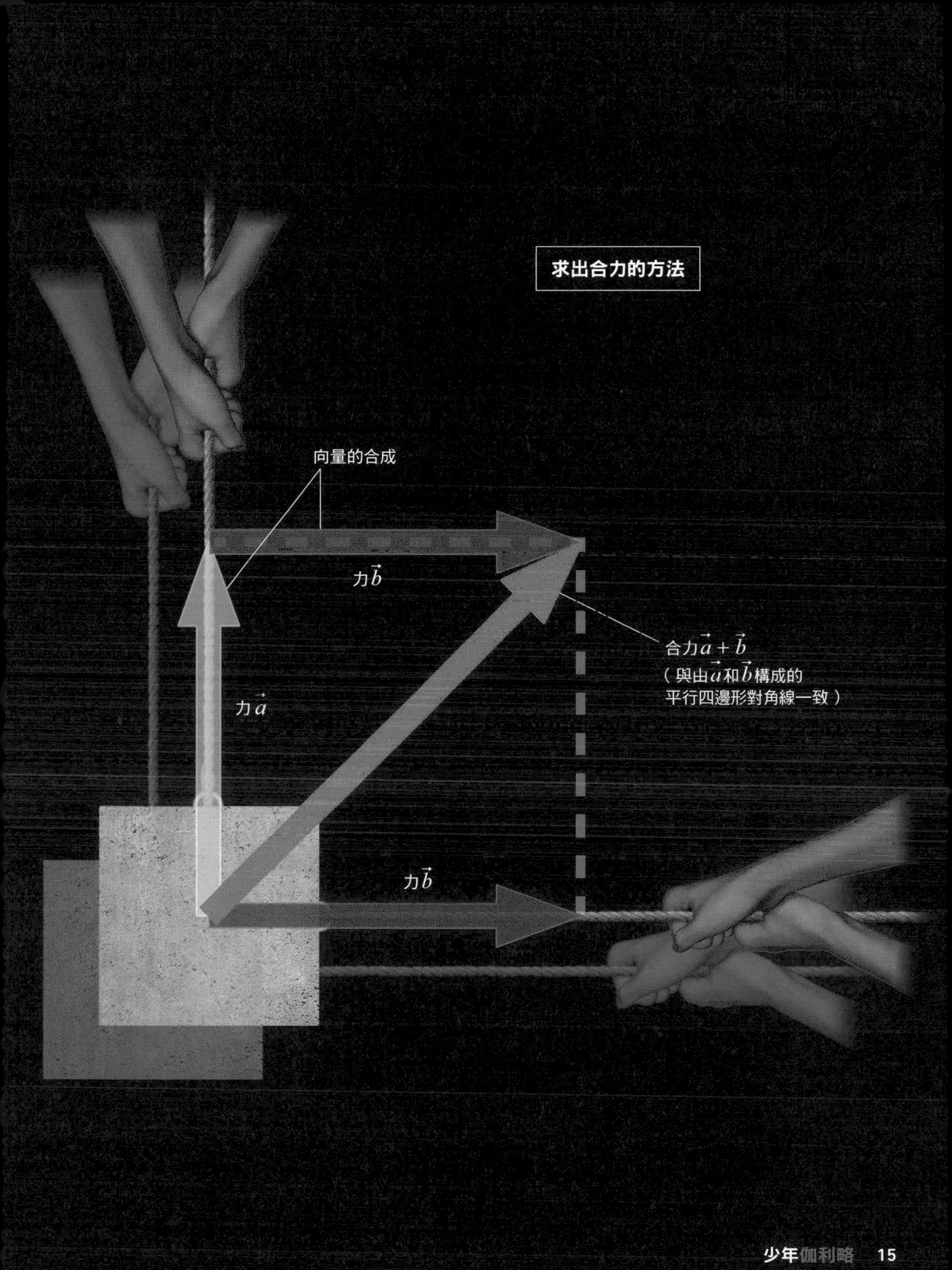

求出合力的方法

向量的合成

力$\vec{b}$

力$\vec{a}$

合力$\vec{a}+\vec{b}$
（與由$\vec{a}$和$\vec{b}$構成的
平行四邊形對角線一致）

力$\vec{b}$

力的向量加法運算

當方向改變時的向量加法運算……

在任何情況下，向量的加法運算均會成立

用畫出平行四邊形來思考向量加法運算的方法，總會與用向量合成的運算結果一致，因此不論使用哪一種方法來進行向量加法皆可行。

左頁圖所示為當 $\vec{a}$ 與 $\vec{b}$ 的長度相等，且兩者間的夾角為銳角（小於90度）時的模樣；右頁圖所示為當 $\vec{a}$ 與 $\vec{b}$ 的長度不相等，且兩者間的夾角為鈍角（大於90度但小於180度）時的模樣。

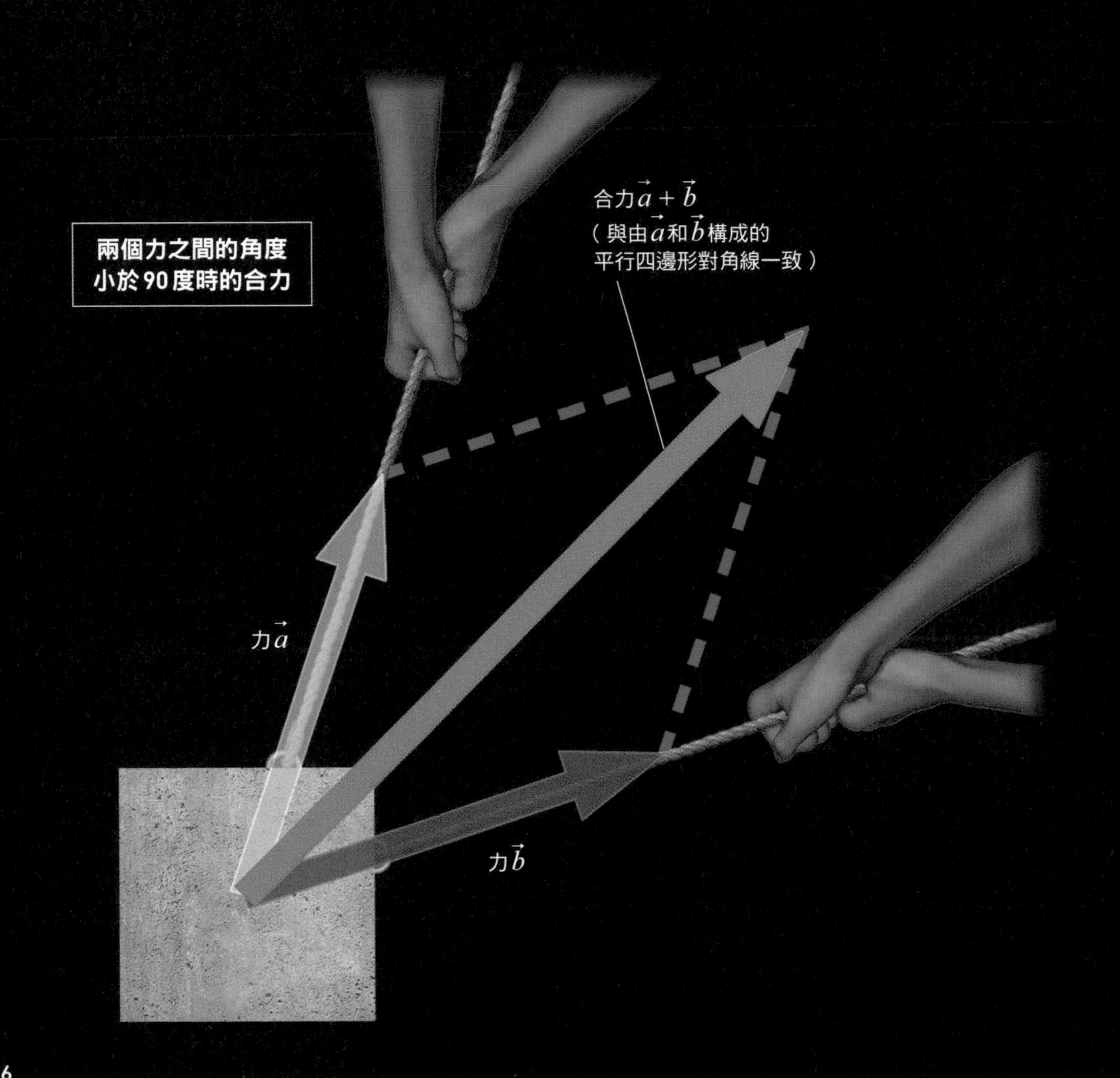

這兩種情況亦如前頁所述，只要將 $\vec{a}$ 與 $\vec{b}$ 作為平行四邊形的 2 個邊（在左頁圖中為菱形）畫出來，其對角線就會是合力 $\vec{a}+\vec{b}$。

兩個力之間的角度超過 90 度，
且兩力大小相異時的合力

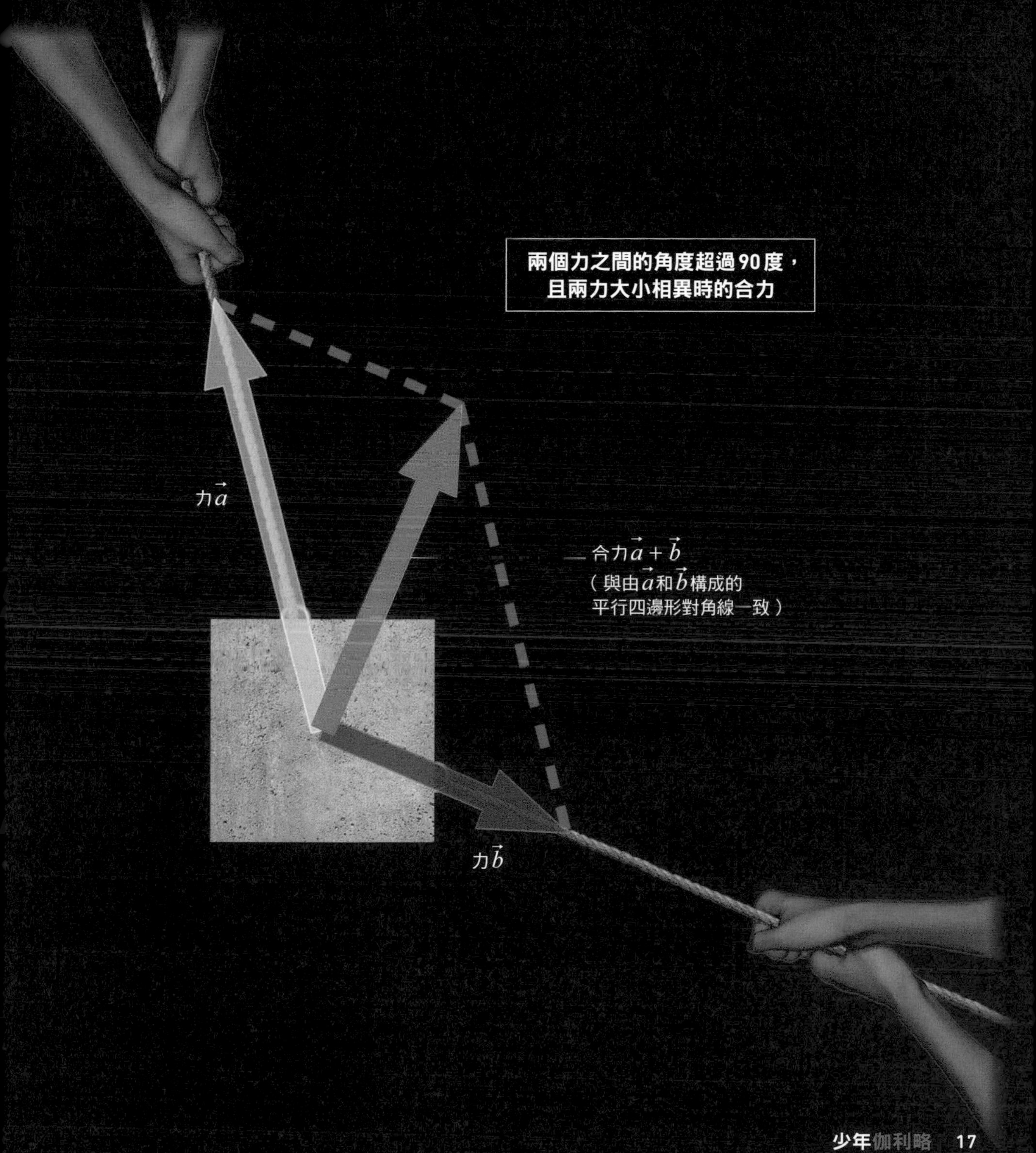

力 $\vec{a}$

合力 $\vec{a}+\vec{b}$
（與由 $\vec{a}$ 和 $\vec{b}$ 構成的
平行四邊形對角線一致）

力 $\vec{b}$

力的向量加法運算

作用於停在坡道的車輛上的三種力

車輛的靜止是由於力的平衡

這次以拉起手煞車且停放在坡道上的車輛為例，來看看向量的加法運算。

實際上，有複數的力正作用在這輛車上。具體而言，有「重力（$\vec{a}$）」、地面與輪胎之間的「摩擦力（$\vec{b}$）」以及地面對車輛垂直朝上的「正向力（$\vec{c}$）」（normal force，又稱支持力）這三種力。

正向力是一種經常被忽視的力。由

作用於停車狀態車輛上的力有哪些？ ①

作用於停車狀態車輛上的三種力

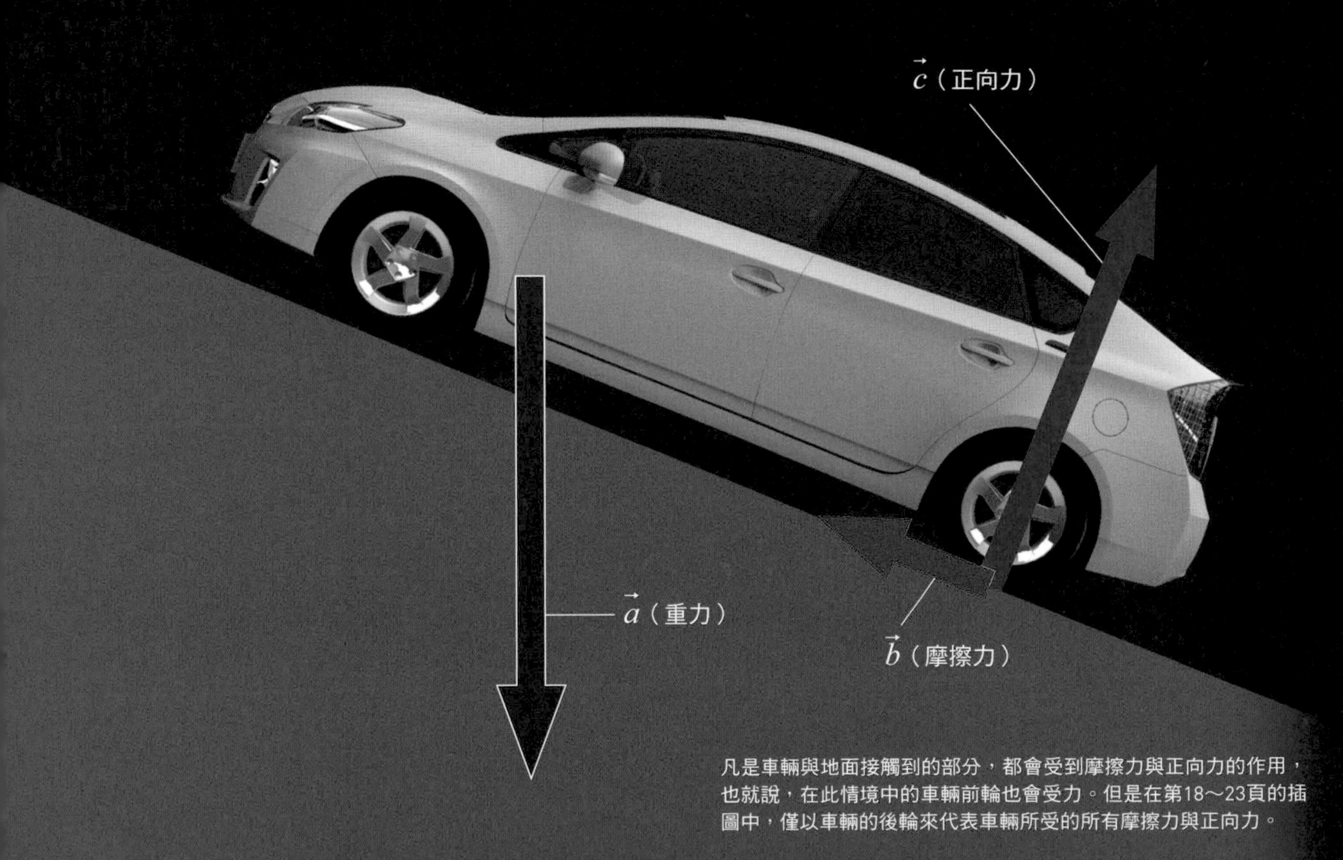

凡是車輛與地面接觸到的部分，都會受到摩擦力與正向力的作用，也就是說，在此情境中的車輛前輪也會受力。但是在第18～23頁的插圖中，僅以車輛的後輪來代表車輛所受的所有摩擦力與正向力。

於重力的作用，人類會被地球吸引。儘管如此，我們仍不會因此卡在地面或椅子等處，是因為地面及椅子等對我們產生支持力的作用，也就是所謂的正向力。

而車輛上有三種力在作用，車輛卻依然保持靜止的原因在於，三種力之間的平衡。此時，這三種力的向量和（加法運算的結果）為0，亦即$\vec{a}+\vec{b}+\vec{c}=0$（[有時也寫成$\vec{0}$（零向量）]。

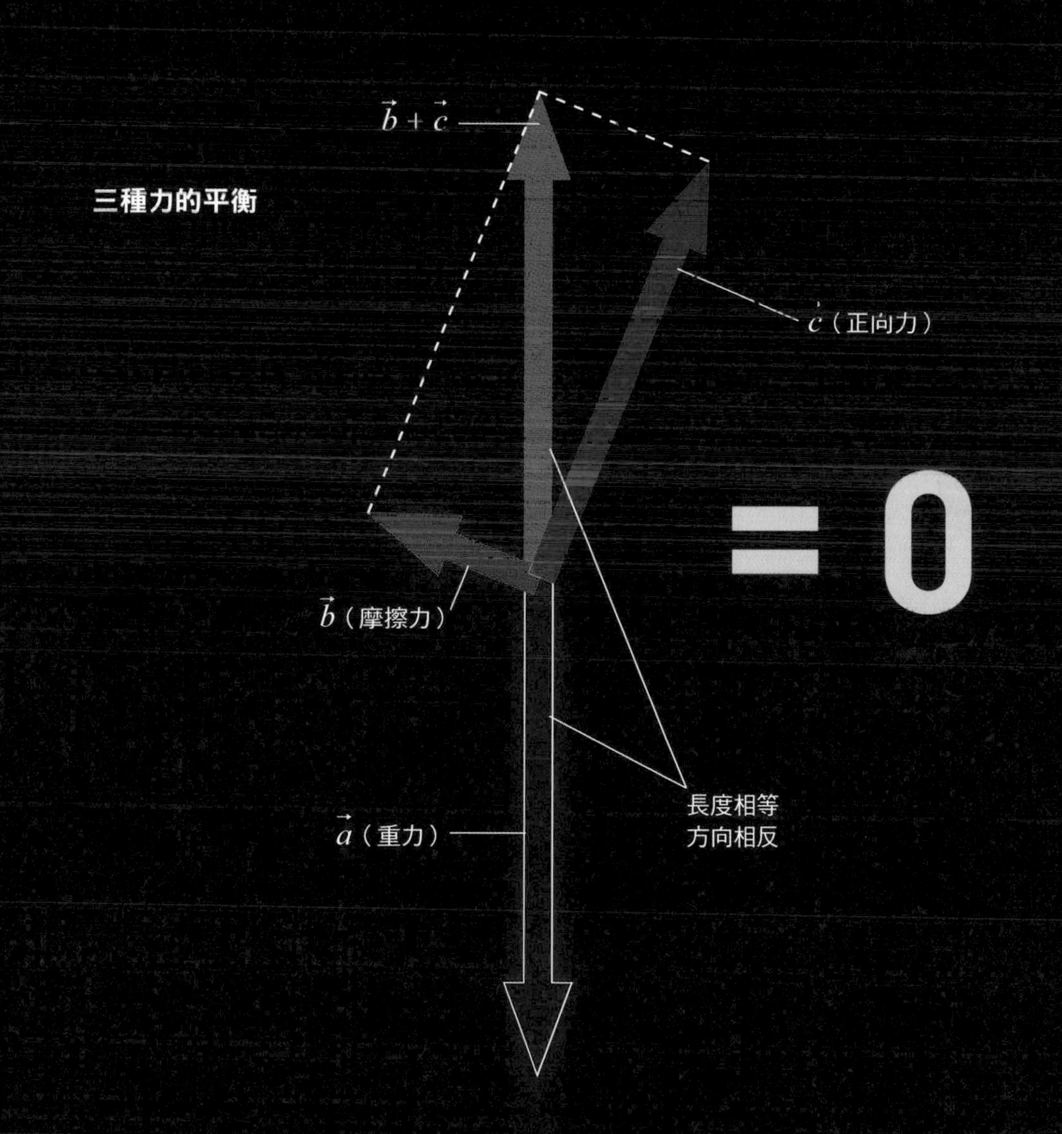

力的向量加法運算

重力可以用兩種分量來「分解」

與坡道平行的分量會與摩擦力平衡

作用於停車狀態車輛上的力有哪些？②

作用於停車狀態車輛上的三種力

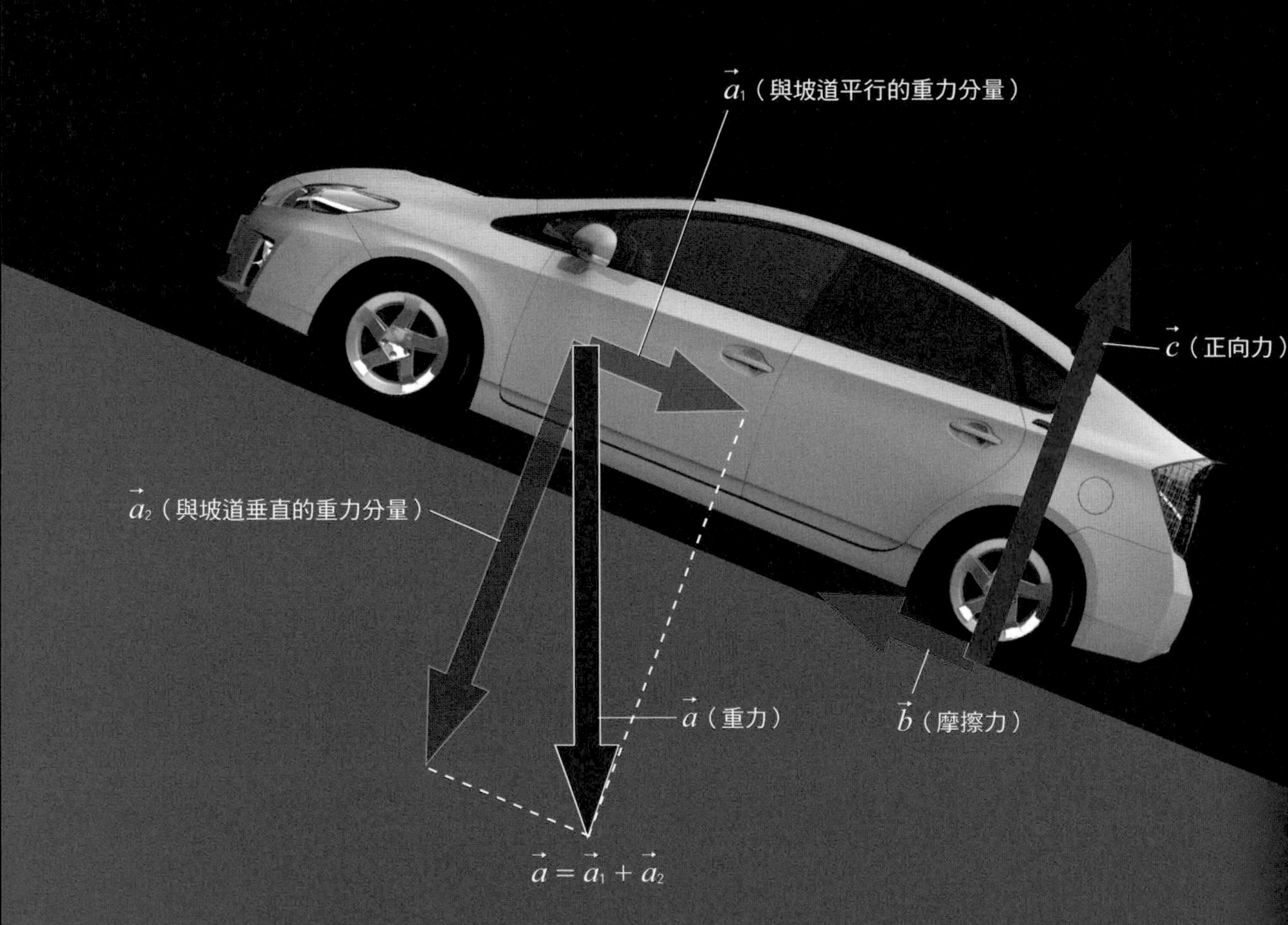

在第6～19頁中，介紹了如何將兩個向量進行加法運算，並「合成」為一個向量的方法。相反地，一個向量也可以「分解」成兩個向量。

舉例來說，作用於停在坡道的車輛上的重力向量（$\vec{a}$），可以分解成與坡道平行的分量（$\vec{a}_1$）以及與坡道垂直的分量（$\vec{a}_2$），也就是（$\vec{a}=\vec{a}_1+\vec{a}_2$）（左頁圖）。與坡道平行的重力分量$\vec{a}_1$會與摩擦力$\vec{b}$平衡，而與坡道垂直的重力分量$\vec{a}_2$則與正向力$\vec{c}$平衡（右頁圖）。

與坡道垂直方向之力的平衡，以及與坡道平行方向之力的平衡

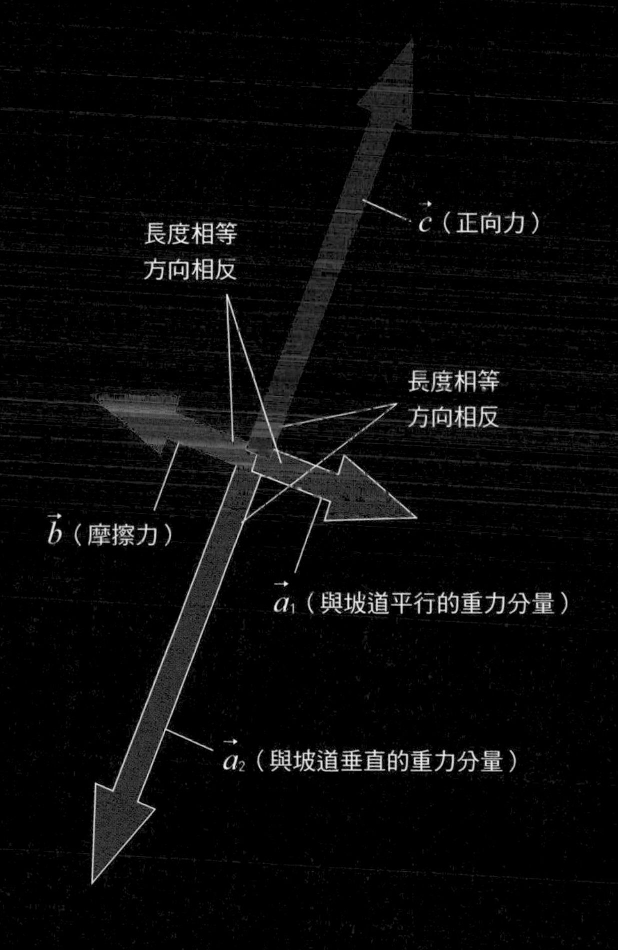

力的向量加法運算

把坡度加大的話，作用於車輛的力有何變化？

與坡道平行的重力分量會變大

作用於停車狀態車輛上的力有哪些？ ③

把坡度加大的話，與坡道平行的重力分量會變大，車輛開始移動

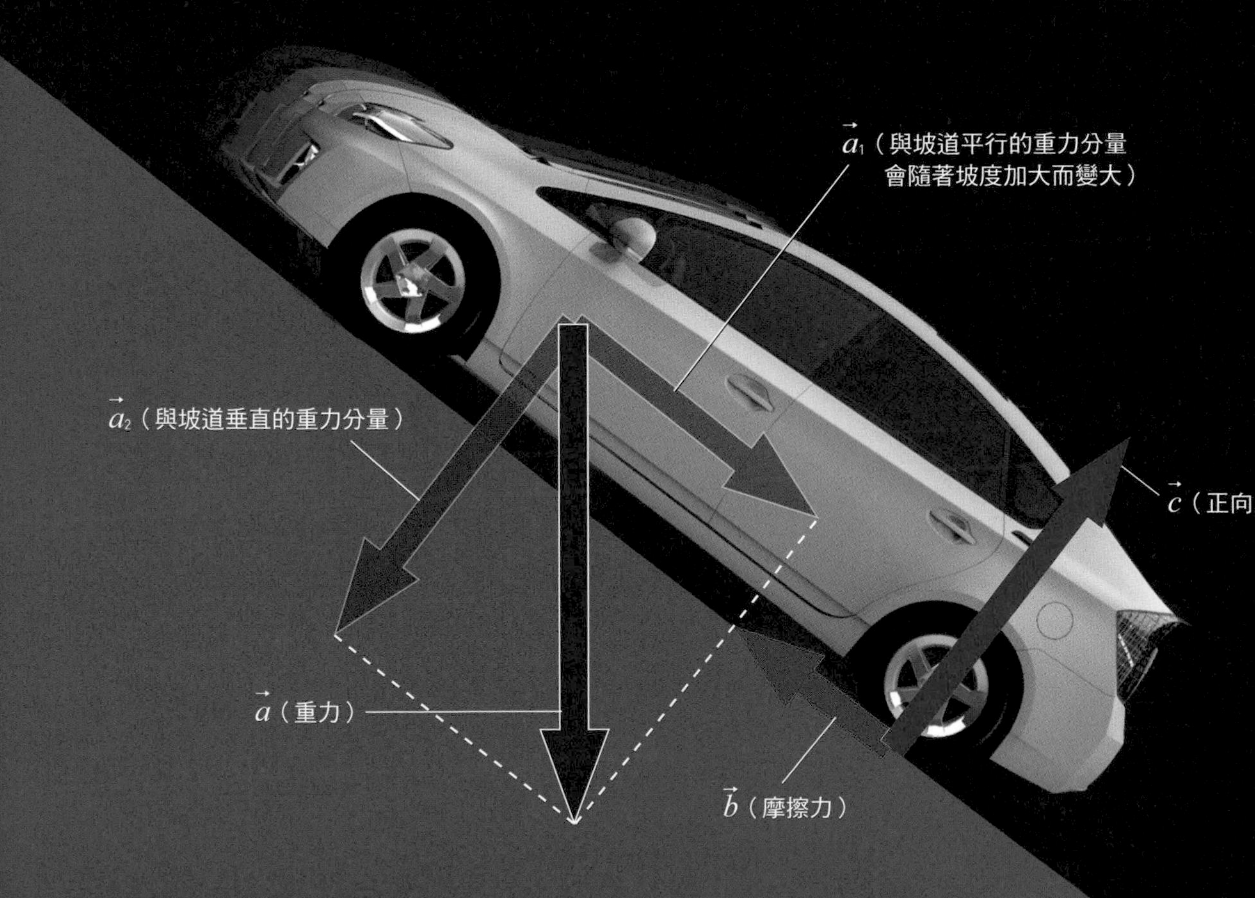

來看看當坡道的坡度加大時，作用於靜止車輛的力會發生什麼事吧。

當坡道的坡度逐漸加大時，與坡道平行的重力分量 $\vec{a}_1$ 會隨之變大，即向量的長度變長（左頁圖）。與之相抗的摩擦力 $\vec{b}$ 也會為了保持力的平衡而變大，但是摩擦力的大小有其極限。

最後當 $\vec{b}$ 的大小達到摩擦力的極限時，力就會無法保持平衡（$\vec{a}_1$ 變得比 $\vec{b}$ 大），導致車輛開始移動（右頁圖）。

此外，摩擦力的極限稱之為「最大靜摩擦力」（maximum static friction），其大小取決於坡面的材質與輪胎的材質等因素。

與坡道平行的重力分量與摩擦力的加法運算

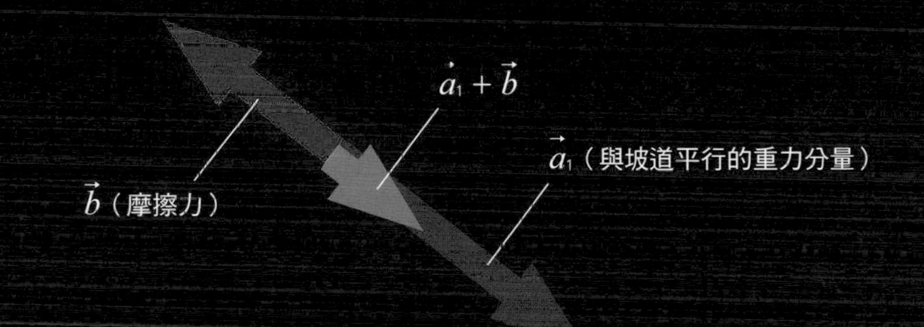

摩擦力的「本質」是什麼？

如果以微觀尺度去觀察物體的表面，會發現有無數的微小凹凸。因此，在物體之間的接觸面上，這些微小突起的尖端部分會受到壓力擠壓而聚攏。將這些聚攏的尖端部分拉開所需的力，就是摩擦力的「本質」。一般而言，摩擦力符合以下的定律。

1. 摩擦力的大小與可見的接觸面積無關。
2. 摩擦力的大小會隨著移動物體變重（正確來說，是隨著正向力變大）而變大。
3. 「靜摩擦力」（static friction，讓靜止物體開始移動時所作用的摩擦力）會比「動摩擦力」（kinetic friction，當物體持續運動時所作用的摩擦力）還要大。

以上即所謂的摩擦定律（law of friction）。

Column

Coffee Break

用三叉繩來拔河

設想看看用分成三叉的繩子拔河的情境吧。

將繩子從一個繩結分為三股，分別讓不同的人各拿一端並拉動。作用於繩結上的力可以用向量來表示。

那麼，當如下所示按照①與②的情境拉動繩子時，繩結是會移動還是不會移動呢？如果會移動的話，又會朝哪個方向移動？請試著思考看看。

將三個力的向量$\vec{a}$、$\vec{b}$、$\vec{c}$進行加法

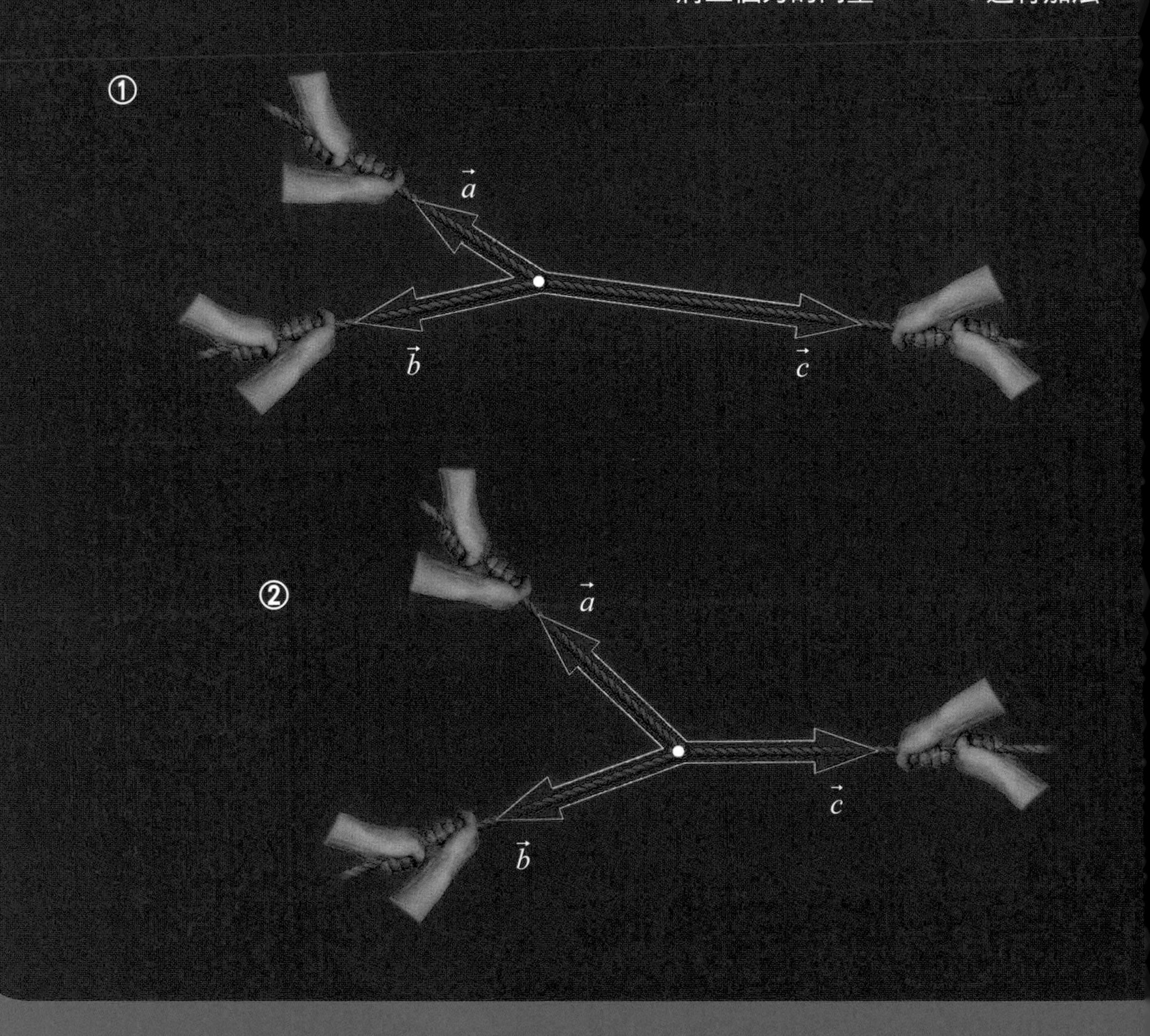

運算，求出合力$\vec{a}+\vec{b}+\vec{c}$。

在進行三個力的向量加法運算時，首先要算出兩個力的向量和，再將這兩個力的合力向量與剩餘的向量進行加法運算。

①：力的向量$\vec{a}$與$\vec{b}$經過加法運算，其和為合力的向量$\vec{a}+\vec{b}$（藍色虛線箭頭）。該合力的向量$\vec{a}+\vec{b}$與向量$\vec{c}$的長度相同且方向相反。由此可知，$\vec{a}+\vec{b}+\vec{c}=0$。由於這三個力彼此平衡，因此繩結不會移動。

②：力的向量$\vec{a}$與$\vec{b}$經過加法運算，其和為合力的向量$\vec{a}+\vec{b}$（藍色虛線箭頭）。該合力的向量$\vec{a}+\vec{b}$與向量$\vec{c}$進行加法運算而得的結果（合力的向量$\vec{a}+\vec{b}+\vec{c}$）為粉色虛線箭頭。由此可知，繩結會朝粉色虛線箭頭的方向移動。

①的解答

②的解答

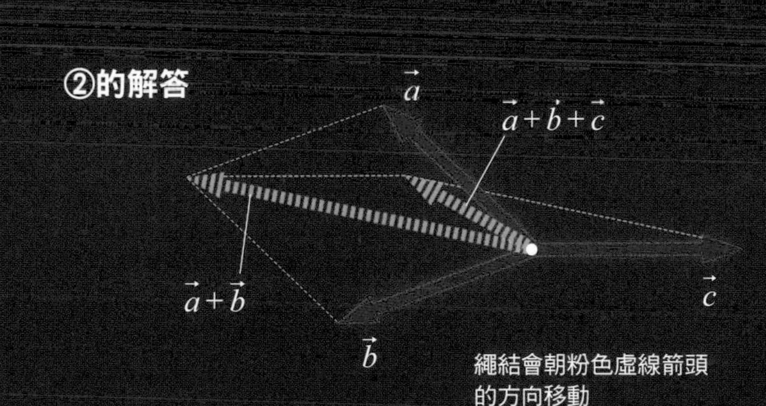

向量的減法運算

從車上投出的球其前進方向為何？

用與卡車相同的速率朝反方向投球

接下來要介紹「向量的減法運算」。首先，設想從行駛中的卡車車斗上投球的情境。

在以時速100公里向左行駛的卡車車斗上朝右方投球，從卡車（在車斗上投球的人）來看球速為時速100公里。設卡車的速度為$\vec{a}$，而從卡車來看球被投出的瞬間速度為$\vec{b}$。

那麼在該情境中，球在車外的站定不動者眼中看起來如何？

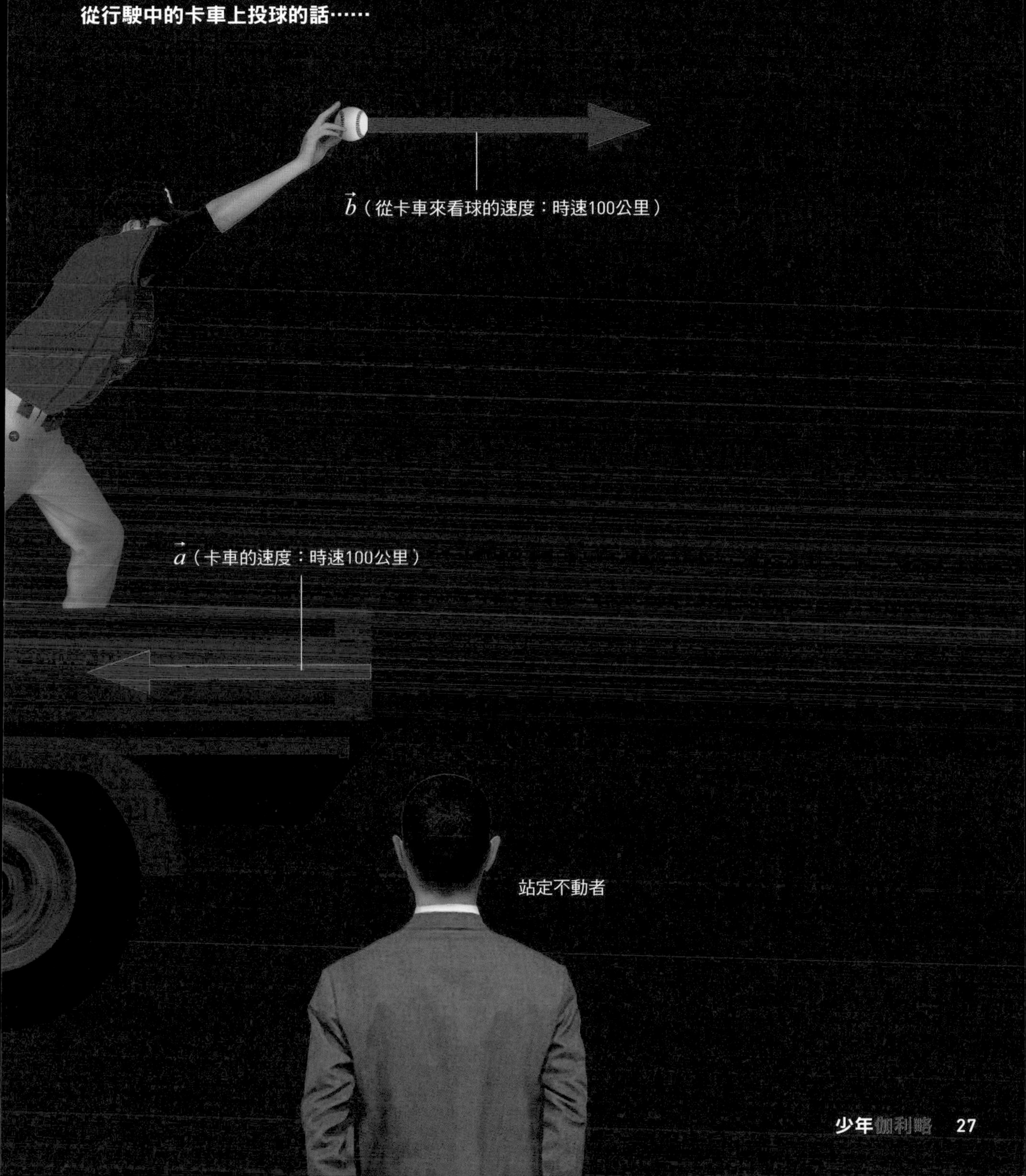
從行駛中的卡車上投球的話……
$\vec{b}$（從卡車來看球的速度：時速100公里）
$\vec{a}$（卡車的速度：時速100公里）
站定不動者

向量的減法運算

方向相反時的向量表示方法

從站定不動者來看，球是朝正下方落下

從站定不動者來看，球被投出的瞬間速度向量為 $\vec{a}+\vec{b}$。如果用 $\vec{a}$ 與 $\vec{b}$ 的向量合成概念來思考，$\vec{a}+\vec{b}$ 會回到「出發原點」，也就是「$\vec{a}+\vec{b}=0$」（速度為0）。從站定不動者來看，球不會橫向移動，而會因為重力而直直落下。可明明球確實是朝右方投出的，這是不是有點不可思議呢？

如果以100加上 x 等於0（$100+x=0$）的概念來思考，則 x 為「-100」這樣的負數。向量的運算也適用同樣的思考邏輯。「$\vec{a}+\vec{b}=0$」可視為「$\vec{b}=-\vec{a}$」，亦即「$\vec{a}+\vec{b}=\vec{a}+(-\vec{a})=\vec{a}-\vec{a}=0$」。

對於長度相同但方向相反的向量，只要在原本的向量前方加上負號（－）使其變成負數，就能夠進行計算。這就是向量的減法運算。

向量的減法運算範例 ①

從行駛中的卡車上投球的話……

$\vec{b}$（從卡車來看球的速度：時速100公里）

速度的向量加法運算結果為零

如果以向量合成的概念來思考，球會回到原點，因此 $\vec{a}+\vec{b}$ 為 0

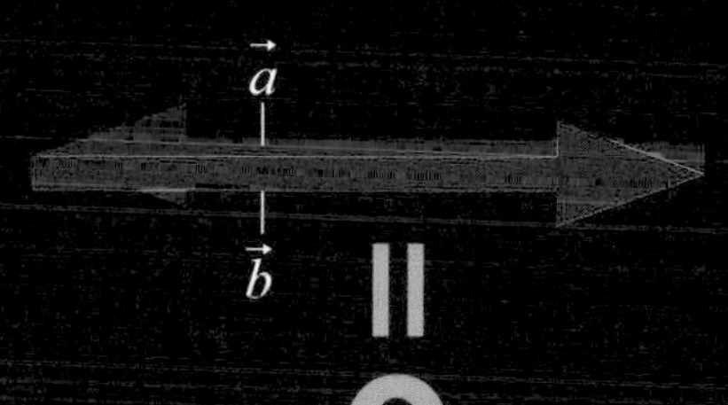

$\vec{a}$（卡車的速度：時速100公里）

從站定不動者來看，
球會朝正下方落下！

站定不動者

向量的減法運算

互相逼近的2台車是否會相撞？

運用向量來思考的話，就會知道答案

接下來我們以2台互相逼近的車輛為例，來看看有關向量的減法運算吧。

下圖中，車輛1與車輛2正分別以速度向量 $\vec{c}$ 與向量 $\vec{d}$ 行駛中。如果2台車持續行進的話，看起來似乎會相撞。究竟結果如何呢？其實只要運用向量的概念來思考，就會知道答案了（答案在第32～33頁）。

在此，請想像自己坐在車輛2上

向量的減法運算範例 ②

圖為關於2台車會不會相撞的問題。只要使用「向量的減法運算」就能知道答案。

從站於地面不動者來看2台車

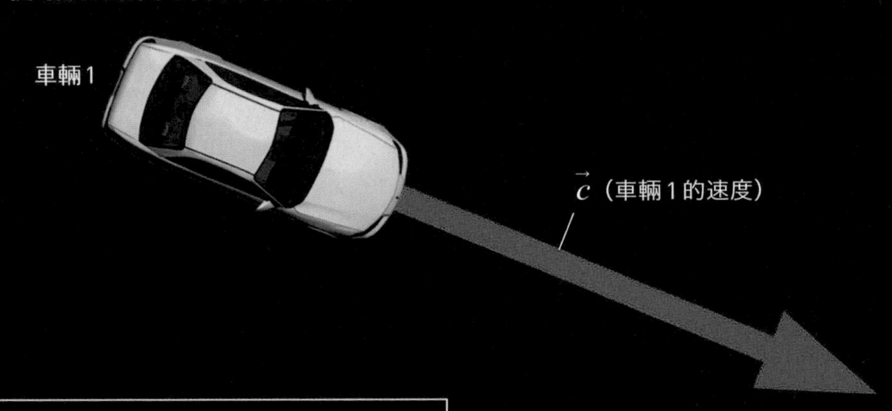

問題：具有圖中所示速度向量的車輛1與車輛2是否會相撞？

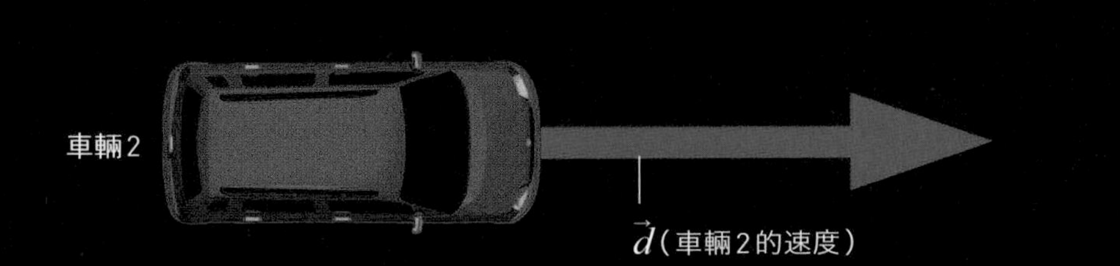

面。從車輛2來看，車輛2本身處於靜止狀態，而車窗外的景色看起來是以與車輛2相同的速度往反方向行進。這也就是說，窗外景色看起來是以「$-\vec{d}$」的速度在移動。由於車輛1原本就是以$\vec{c}$的速度在行駛，因此從車輛2來看，車輛1的速度為「$\vec{c}+(-\vec{d})$」，亦即「$\vec{c}-\vec{d}$」（右頁圖）。

此外，$\vec{c}-\vec{d}$也可以用圖中右側的綠色向量來思考。按照從$\vec{d}$的箭頭指向$\vec{c}$的箭頭來進行向量合成的計算，就會是$\vec{c}-\vec{d}$。

各個速度向量之間的關係

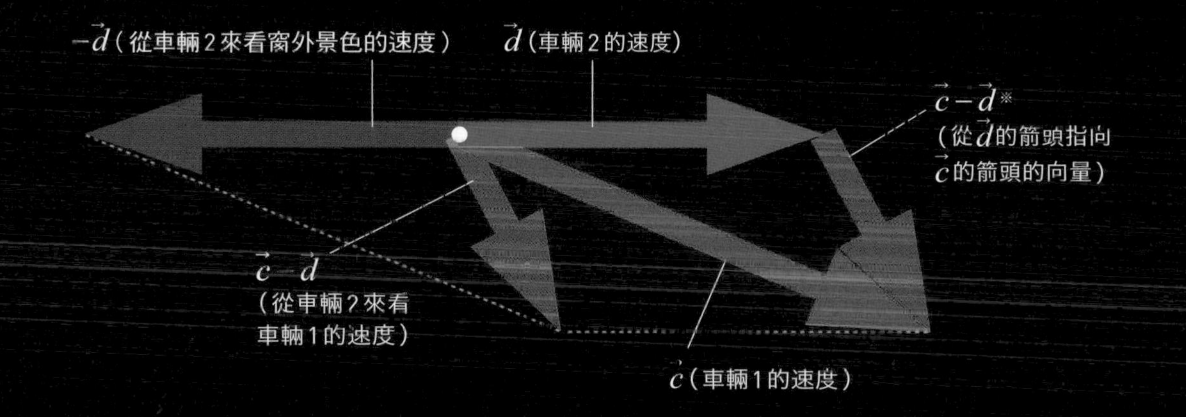

※：設從$\vec{d}$的箭頭指向$\vec{c}$的箭頭的向量（右側的綠色向量）為$\vec{x}$。由於$\vec{d}+\vec{x}=\vec{c}$，所以把$\vec{d}$移項至右邊即為$\vec{x}=\vec{c}-\vec{d}$，可知右側的綠色向量為$\vec{c}-\vec{d}$。

註：車輛相撞的問題參考自《解析矩陣與向量》（川久保勝夫著）。

向量的減法運算

2台車差一點就要撞上

將車輛1往綠色向量的方向平行移動

從站於地面不動者來看2台車

問題：具有圖中所示速度向量的車輛 1 與車輛 2 是否會相撞？

那麼，來看看大家有沒有答對第30～31頁的問題吧。

在這個問題中，$\vec{c}-\vec{d}$朝著會通過車輛2前方的方向行進。如果把車輛1往該方向平行移動，就會是從車輛2來看的車輛1的運動。此時，由於車輛1會通過車輛2的前方，因此答案是2台車會驚險地擦身而過。

此外，2台車是否會撞上也與車輛的體積大小有關。在這個問題中，假如車輛1是像大型巴士那樣車身更長的車輛，那麼車輛1就無法完全通過車輛2的前方，其右後方側面將會撞到車輛2的左前方。

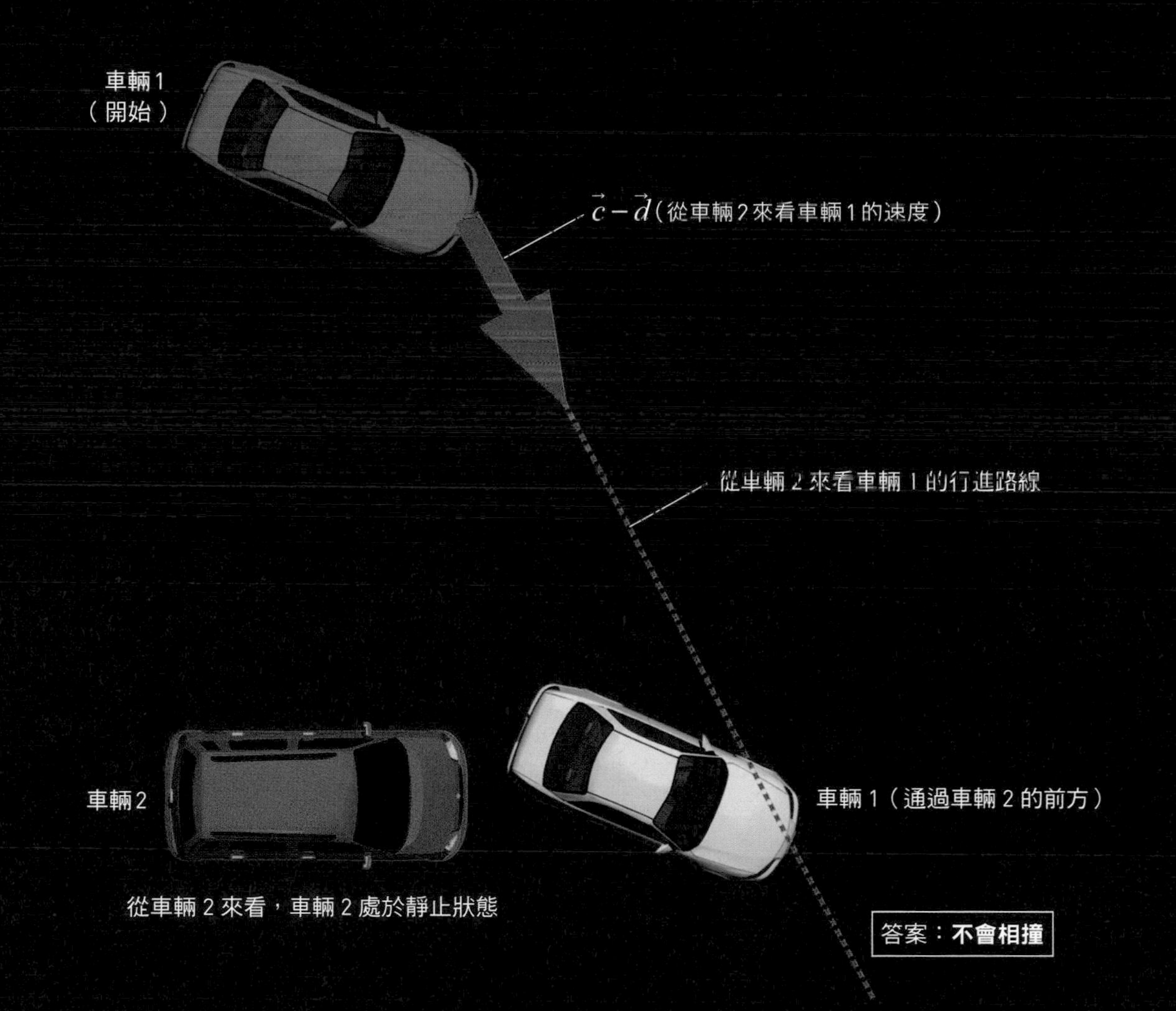

向量與力學

「慣性定律」與向量

向量不會改變的慣性定律

來思考看看向量以及力學之間的關係吧。

力學的基礎是「慣性定律」。所謂的慣性定律，是指「不受外界影響的物體會以一定速率朝一定方向持續運動（等速直線運動）」。儘管慣性定律也被稱為「牛頓第一運動定律」（Newton's first law of motion），但實際上早在牛頓（Isaac Newton，1642～1727）之前，就已經有許多科學家發想過此定律。

在地球上將物體朝水平方向投出，沒多久就會落下；在地面上推滾物體，最後也會停止。然而，物體會停止並非是基於其本身的性質，而是受到來自外界的重力及摩擦力等的影響。舉例來說，如果是在什麼都沒有、處於真空狀態的外太空中投擲物體，則該物體將會持續做直線運動，而且其速度也不會改變。

也就是說，這代表在等速直線運動的情況下，速度的向量並不會改變，此為慣性定律所指稱的運動特徵。

慣性定律與摩擦力

在摩擦力大的地面上推動冰箱時，如果停止推動冰箱，冰箱就會因為摩擦力而馬上停止移動（右上圖）。另一方面，在摩擦力小的冰上滑動石壺時，即便石壺已經離手，仍會在一段時間內以幾乎相同的速率朝同一個方向移動（右頁中央插圖）。

直線移動的物體軌道

在各個位置的速度向量其大小與方向均固定

向量與力學

「落體定律」與向量

下墜的向量會變化的落體定律

相對於地面垂直落下的物體其速度方向總是向下，但是其大小則會隨著單位時間的增加（例如隨著每1秒過去）而增加一定的大小。該值約為10m/s，也就是速度會以每秒約10公尺的速率持續增加。

假設某時刻的物體落下速率為V，則1秒後速率會變成（V＋10）m/s、2秒後速率會變成（V＋20）m/s（右圖）。

落體定律源自於其發現者伽利略（Galileo Galilei，1564～1642），因此也稱為「伽利略落體定律」。

牛頓第二運動定律

能讓物體速度產生變化的外界作用稱為「力」，而力也是一種向量。根據該定律，向量變化的大小會與力的大小成正比，且變化方向會朝向力的方向。

如果物體受力的時間變為2倍，速度的變化也會變成2倍（成正比）；如果物體的質量變為2倍，則速度的變化將會減半（成反比）。也就是說，速度的變化可以用公式「力×時間÷質量」來表示。

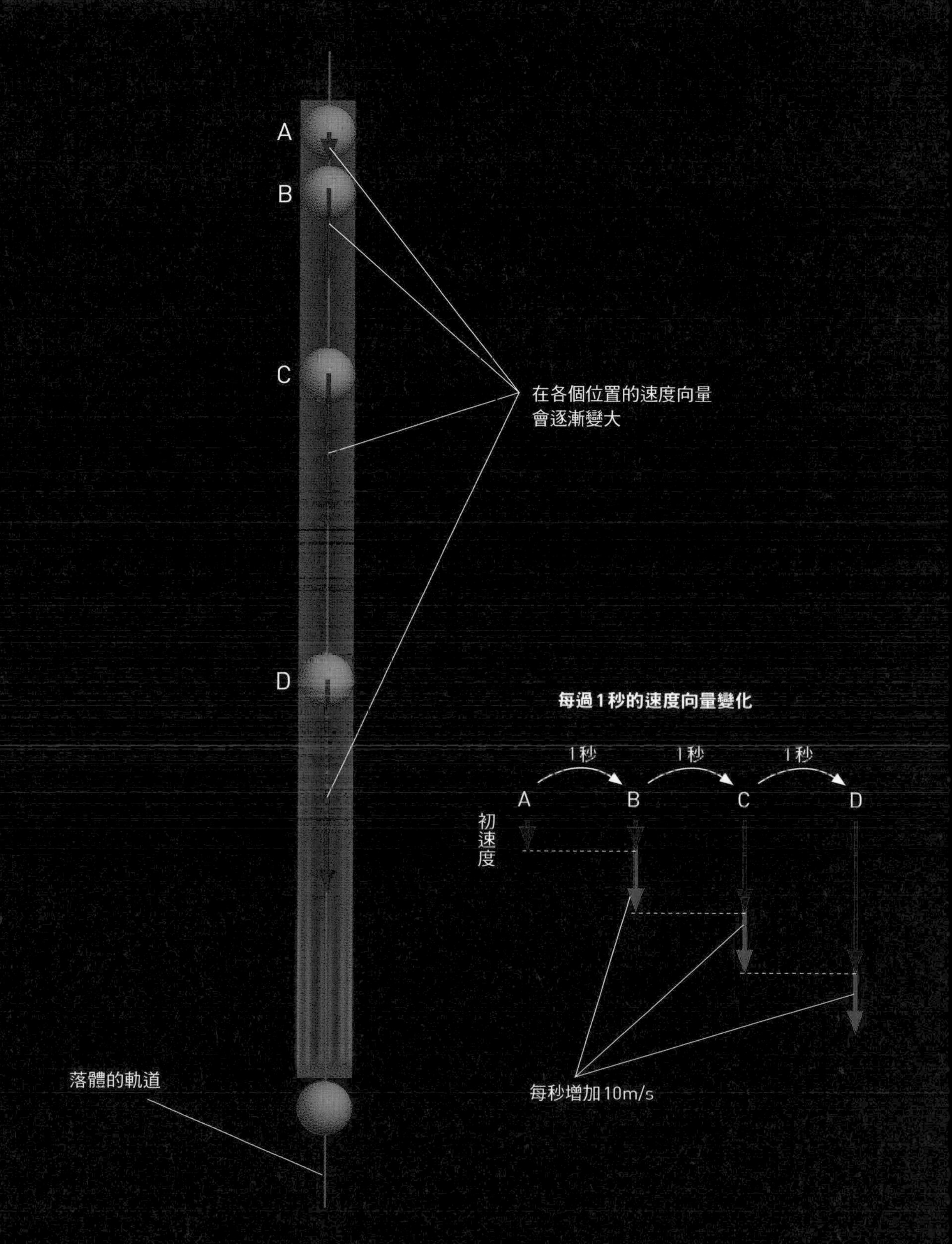
落體運動的速度向量變化
A
B
C
D
在各個位置的速度向量
會逐漸變大
落體的軌道
每過1秒的速度向量變化
1秒
1秒
1秒
A
B
C
D
初速度
每秒增加10m/s

「拋體運動」與向量

向量的變化是牛頓第一與第二運動定律的和

往水平方向開始運動

A

那麼，來思考看看將物體朝橫向投出時的狀況吧。物體被投出所做的運動，就是所謂的「拋體運動」。

朝水平方向投出的物體，儘管一開始運動軌道會朝橫向行進，但馬上就會向下傾斜。

該狀況的速度向量變化，可以用牛頓第一與第二運動定律的和來思考。因為有朝下方的重力在作用，因此速度的向量變化情況會與朝正下方的落體運動相同。儘管物體被投出時的橫向的力在物體離手之後就不再作用，但是需注意該力在投出之後仍一直存在於物體上。

假設物體被投出之後，隨著每 1 秒過去，其位置會分別落在 A、B、C、D 點（右圖）。隨著每 1 秒過去，速度向量的變化會因為重力而向下，而將這些變化相加即可得知該物體的速度會如何變化。

拋體運動的軌道與向量的變化

物體被投出 1 秒後的 B 點其速度向量，是物體被投出時的 A 點其橫向速度向量（牛頓第一運動定律），以及在這 1 秒內因重力作用而產生的向下變化（牛頓第二運動定律）的向量合力。此時，由於兩個向量所朝的方向不同，因此其大小無法用單純的加法來運算。

拋體運動的速度向量變化

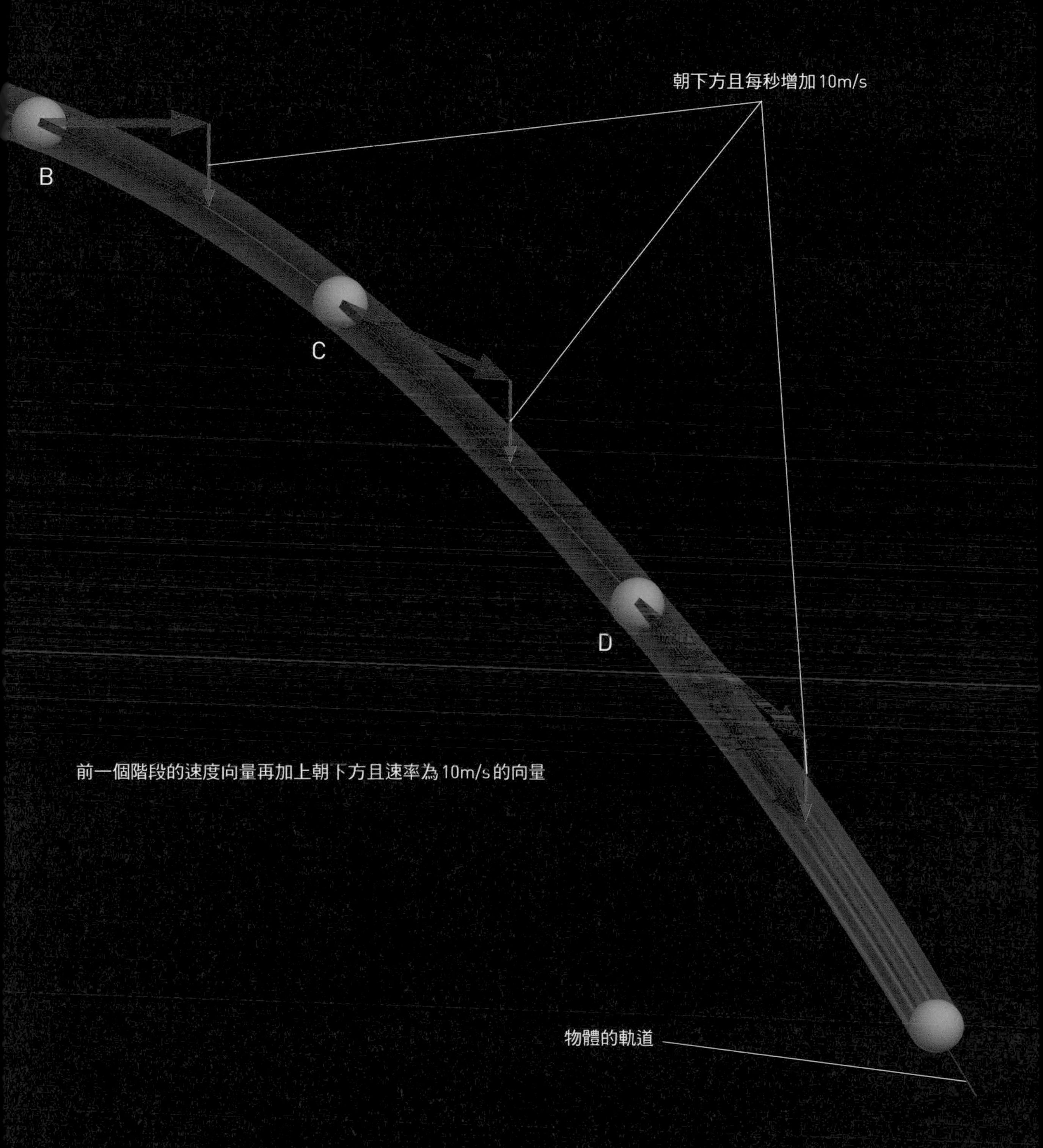

向量與力學

「等速圓周運動」與向量

向量的長度不變，方向改變的等速圓周運動

接下來思考看看「等速圓周運動」吧。所謂的等速圓周運動，是指物體以相同速率在一個圓周上繞行的運動。像是地球與行星在太陽周邊繞行的公轉運動，也幾乎屬於等速圓周運動。

既然是等速，那物體的速率就會是固定的。但由於速度向量的方向總是在改變，因此等速圓周運動並不符合慣性定律。是什麼樣的力在作用，才會讓物體做等速圓周運動呢？

設想有一個物體沿著右圖中的圓朝左方做等速運動。圓周即為物體的軌道，而速度向量是朝軌道的切線方向。圖中畫出了2個相隔不遠的A點與B點的速度向量。由於等速，兩向量的長度相同，但是相對於A點的速度向量，B點的速度向量在PQ的部分出現變化，而且該變化與AB的方向垂直。從而可以得知，正在作用的力的方向也與之相同，即朝著圓中心的方向。也就是說，等速圓周運動就是不斷朝著圓中心方向拉扯的運動。

等速圓周運動的軌道與向量的變化

在等速圓周運動中，速度向量總是朝著切線方向，且其大小不變。如果將在A點的速度向量平行移至B點，會形成一個三角形PBQ。該三角形的PQ部分代表速度向量的變化。簡而言之，PQ是與AB方向垂直的向量變化，亦即從AB到圓中心O點之間有力正在作用※。

※嚴格來說，從AB中點垂直畫一條線的話會通過圓中心O點，但如果設想AB的間距極小，則可以視為總是朝圓中心O點的力正在發生變化。

等速圓周運動的速度向量變化

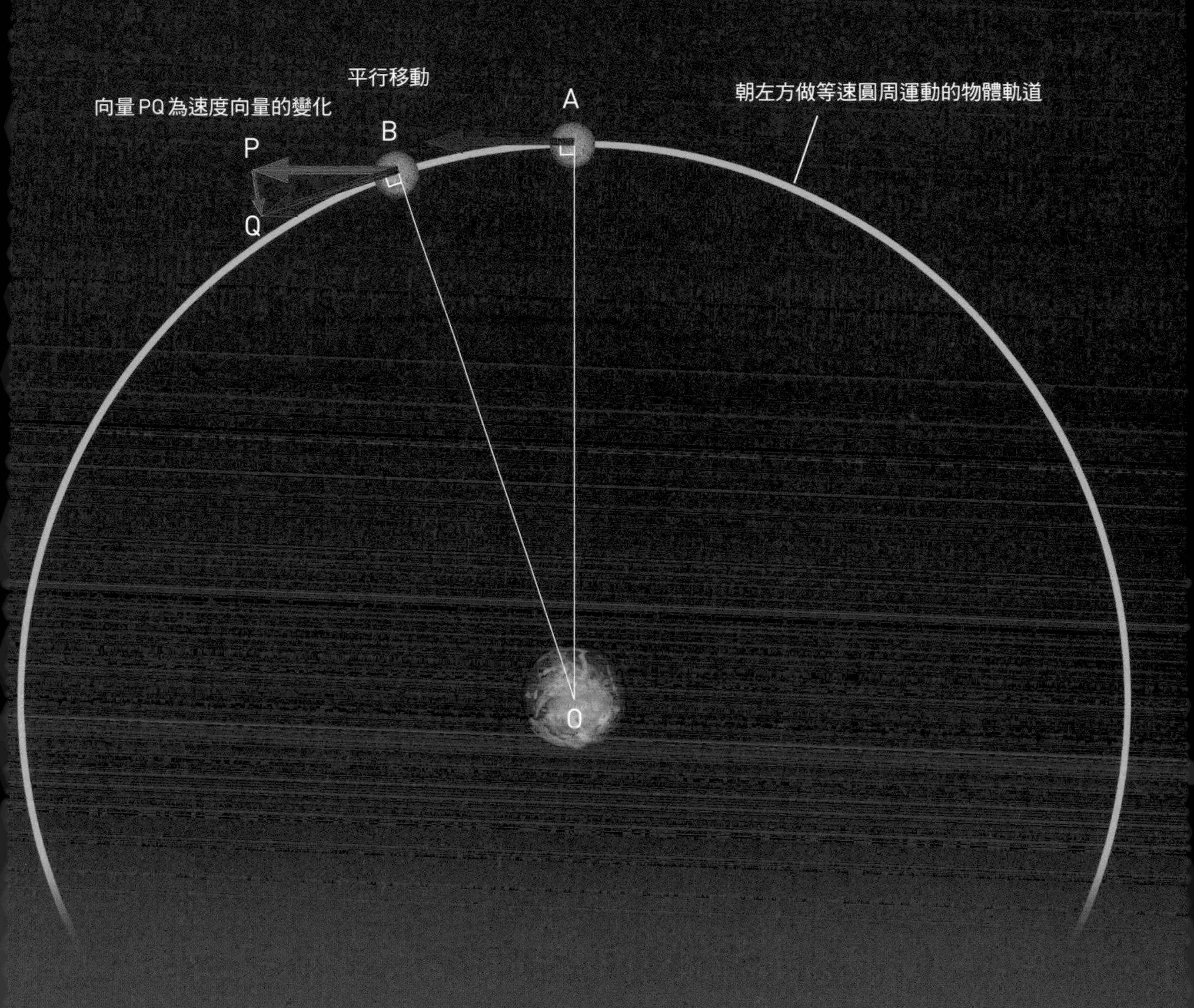

用座標來思考向量

向量也可以用數字的組合來表示

平行移動箭頭，使其末端重合原點O

在此之前的章節都是以箭頭來表現向量，不過向量也可以用「兩個數字的組合」來表示。

首先，如右圖所示設想一個xy軸座標圖。然後平行移動向量的箭頭，使其末端重合原點O。如此一來，就可以使用箭頭前端的x座標與y座標的值來表示向量。例如，當$\vec{a}$箭頭前端的x座標為3且y座標為4時，可以表示成$\vec{a}=(3, 4)$，這稱為向量的分量表示法。

再者，「風向朝東，秒速5公尺」這類用於表示風的向量，即使測量地點不同，向量的表示法仍會相同。事實上，人們對於向量的共識本來就是「即使平行移動，仍將其視為相同向量」。在此座標圖中，平行移動箭頭使其末端重合原點，也同樣符合前述的共識。可以說，經過平行移動而彼此重疊的向量皆為相同的向量。

向量的分量表示法

平行移動向量使其末端重合xy軸座標圖的原點時，箭頭前端在xy軸座標上的位置即為該向量的xy分量。

如果平行移動$\vec{a}$，使其末端重合座標圖的原點，則箭頭前端的x座標為3且y座標為4。因此，$\vec{a}$的x分量為3，而y分量為4，以$\vec{a}=(3, 4)$來表示。$\vec{b}$也是按照相同的方法，以$\vec{b}=(6, 3)$來表示。

向量的分量表示法

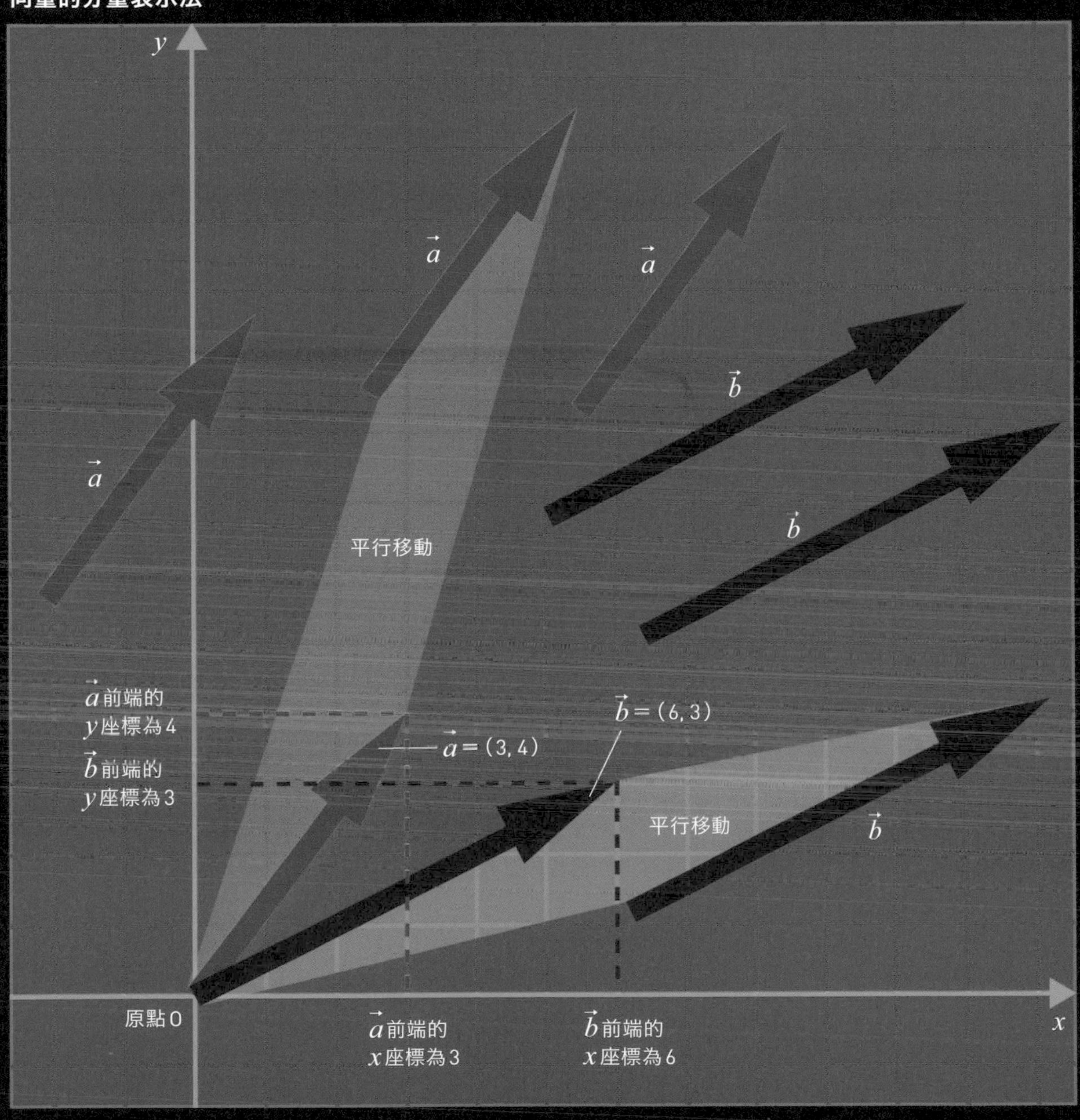

y
$\vec{a}$
$\vec{a}$
$\vec{b}$
$\vec{a}$
$\vec{b}$
平行移動
$\vec{a}$前端的
y座標為4
$\vec{b}$前端的
y座標為3
$\vec{a}=(3, 4)$
$\vec{b}=(6, 3)$
平行移動
$\vec{b}$
原點O
$\vec{a}$前端的
x座標為3
$\vec{b}$前端的
x座標為6
x

用座標來思考向量

活用向量的分量表示法

運用分量讓計算「係數積」變簡單

只要運用向量的分量表示法，就能對向量進行各式各樣的運算。

例如，可以輕鬆求得向量的長度。將$\vec{a}$的長度以$|\vec{a}|$這個符號來表示。當$\vec{a}=(3, 4)$時，由商高定理可算出$|\vec{a}|=\sqrt{3^2+4^2}=\sqrt{9+16}=\sqrt{25}=5$。如果$\vec{a}=(x, y)$，則$|\vec{a}|=\sqrt{x^2+y^2}$。

另一方面，與$\vec{a}$朝同一方向且長度為2倍的向量以$2\vec{a}$來表示，長度為3倍的向量以$3\vec{a}$來表示。只要將$\vec{a}$的x分量與y分量各乘上2倍，就能夠求出$2\vec{a}$；將$\vec{a}$的x分量與y分量各乘上3倍，就能夠求出$3\vec{a}$。也就是說，$2\vec{a}=(2\times3, 2\times4)=(6, 8)$，$3\vec{a}=(3\times3, 3\times4)=(9, 12)$。

向量的係數積

若要求出長度為原始向量2倍的向量分量，可以將原始向量的x分量與y分量各乘上2倍計算而得。同理，長度為原始向量3倍的向量分量，可以將原始向量的x分量與y分量各乘上3倍計算而得。

向量的係數積

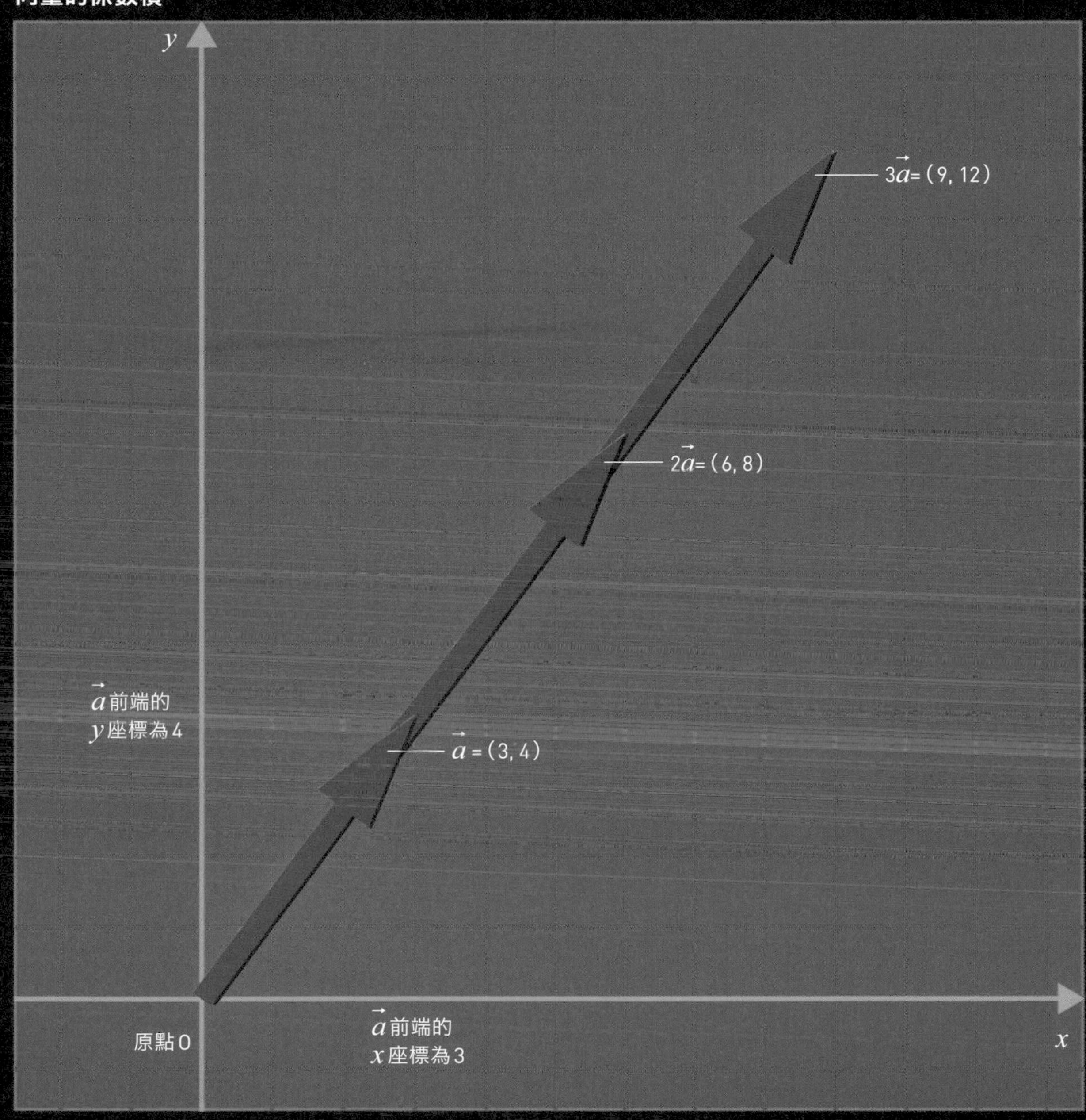

y
$3\vec{a}=(9, 12)$
$2\vec{a}=(6, 8)$
$\vec{a}$前端的
y座標為4
$\vec{a}=(3, 4)$
原點O
$\vec{a}$前端的
x座標為3
x

用座標來思考向量

運用分量表示法，加減法都會變簡單！

對各個分量進行加減運算即可

只要運用向量的分量表示法，向量的加法、減法運算都會變簡單。分別對向量中的 x 分量與 y 分量進行加減運算即可。

舉例來說，如果 $\vec{a}=(2, 10)$，$\vec{b}=(6, 1)$，則 $\vec{a}+\vec{b}=(2+6, 10+1)=(8, 11)$，而 $\vec{a}-\vec{b}=(2-6，10-1)=(-4, 9)$。

計算 $\vec{a}+\vec{b}$ 時，是在 $\vec{a}$ 箭頭的前端加上 $\vec{b}$ 箭頭合成而得。如此一來，於 $\vec{a}$

向量的加法、減法運算

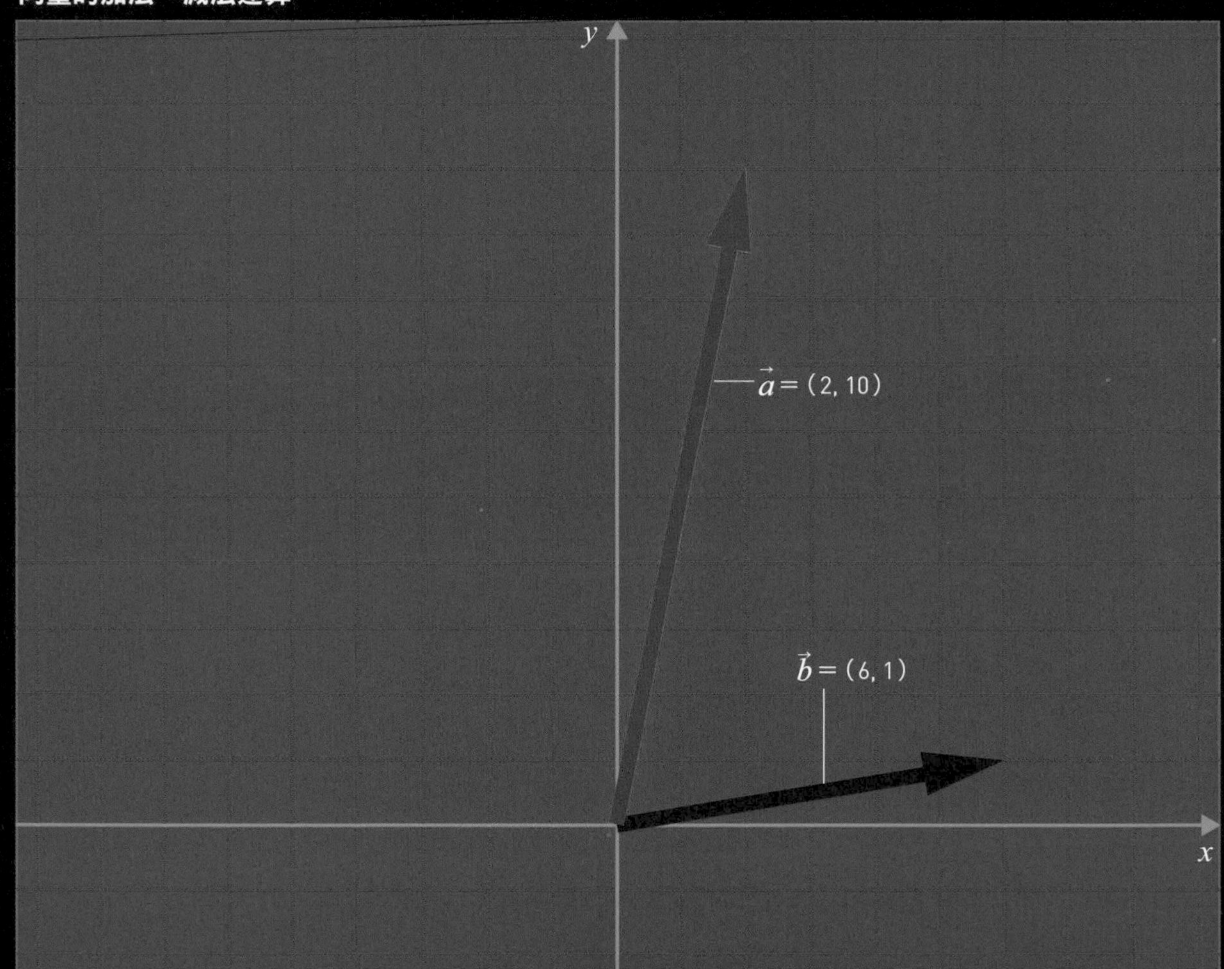

箭頭的前端座標（2, 10）在 x 軸上＋6，在 y 軸上＋1後的位置，即為 $\vec{b}$ 箭頭的前端所在。這就是 $\vec{a}+\vec{b}$ 的箭頭前端座標，亦即 $\vec{a}+\vec{b}$ 的分量表示法。

$\vec{a}-\vec{b}$ 的邏輯亦同，是在 $\vec{a}$ 箭頭的前端加上 $-\vec{b}$ 箭頭合成而得，如此一來，於 $\vec{a}$ 箭頭的前端座標（2, 10）在 x 軸上－6，在 y 軸上－1後的位置，即為 $-\vec{b}$ 箭頭的前端。這就是 $\vec{a}-\vec{b}$ 的箭頭前端座標，亦即 $\vec{a}-\vec{b}$ 的分量表示法。

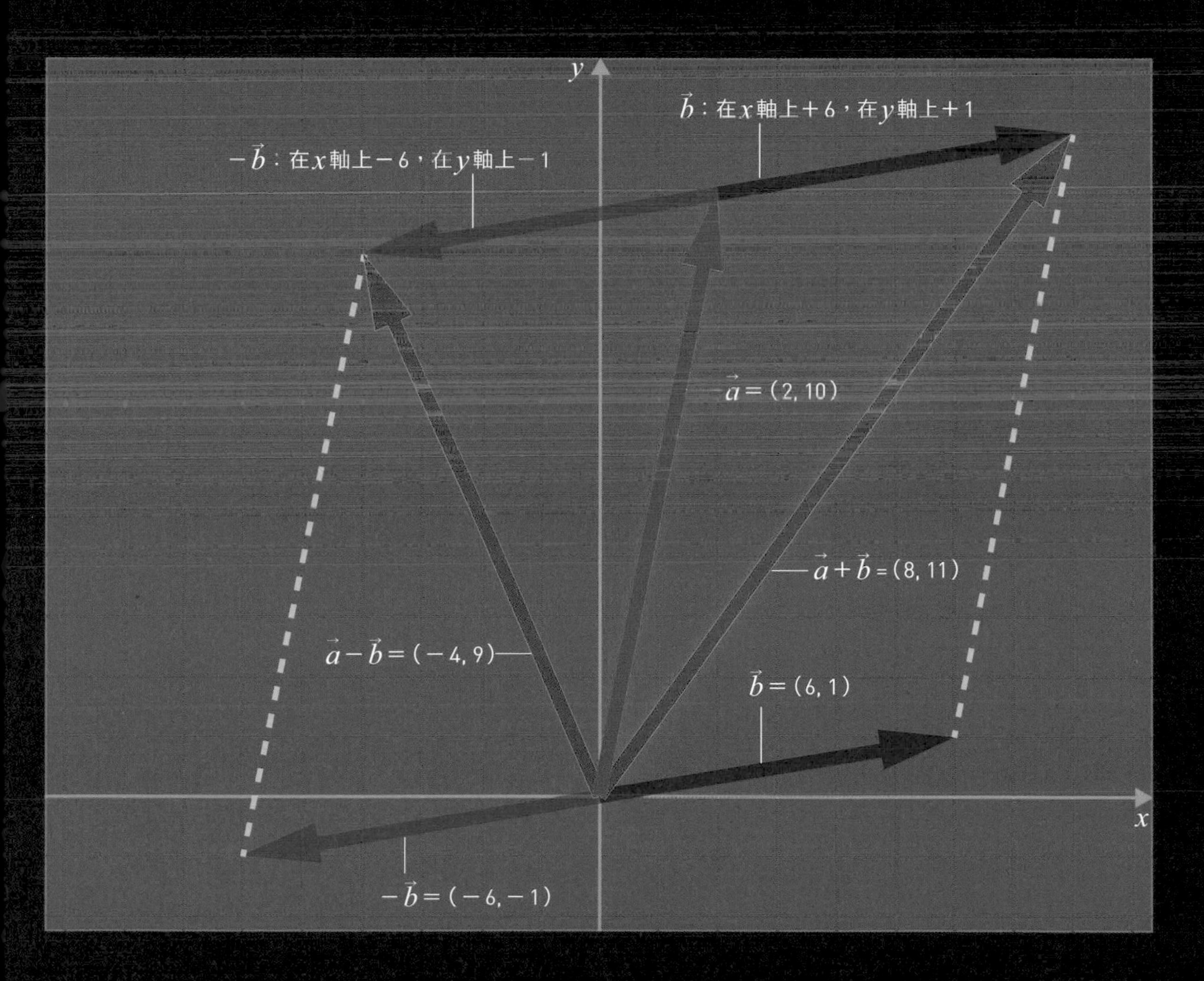

Column

Coffee Break

用三個數字來表示空間向量

來思考看看當向量在空間中的狀況吧。

左頁圖中繪有從M點朝N點延伸的空間向量 $\vec{a}$。M點的 x 座標為1、y 座標為3、z 座標為2，以「M（1, 3, 2）」來表示。N點以「N（2, 7, 8）」來表示。

接著，平行移動 $\vec{a}$，使其箭頭尾端

空間向量

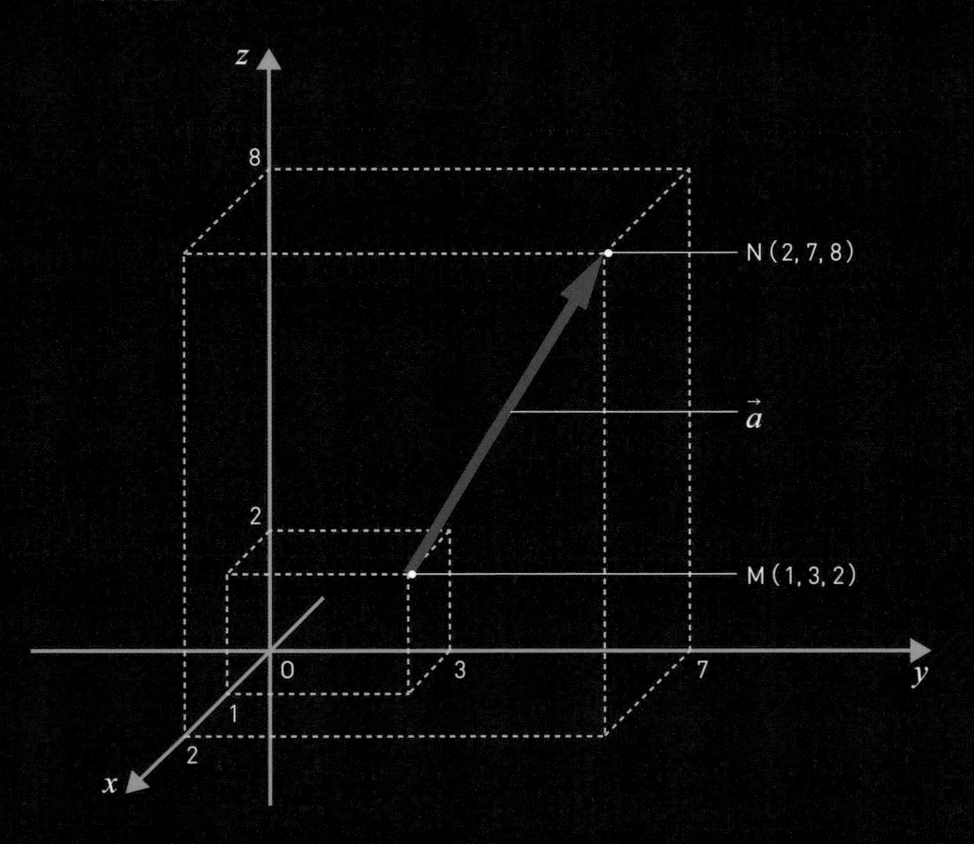

重合原點O。

將M點（1, 3, 2）移至原點O（0, 0, 0），相當於將M點的 x 座標減1、y 座標減3、z 座標減2。而N點（2, 7, 8）的移動目的地A點的座標（右頁圖），能透過將N點的各座標減去上述數字而得，即A點的座標為（1, 4, 6）。如此將A點與原點O連接起來的箭頭，就是被平行移動之後的 $\vec{a}$。

從而可以得知，$\vec{a}$ =（1, 4, 6）即為其分量表示法。像這樣位在空間中的向量，如果有長、寬與高（x和y和z）這三項數字，即可加以表示。

空間向量的分量表示法

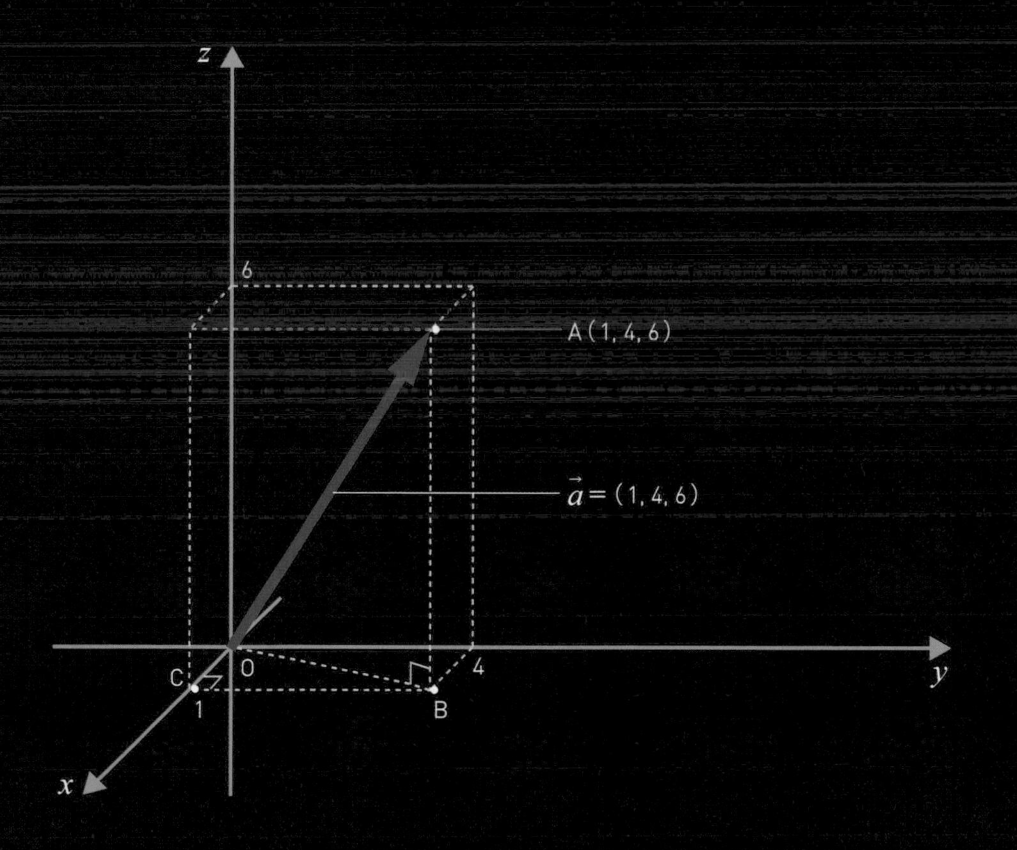

向量的乘法運算①內積

在物理學上「做功」的意義

物體被施加能量，造成速度改變

在向量的運算中，有一種與乘法很類似的「內積」。舉例來說，向量$\vec{F}$與向量$\vec{r}$的內積會寫成「$\vec{F}\cdot\vec{r}$」，讀作「F-dot-r」等。

之後會再回頭說明內積的定義，這裡先介紹與內積相關、物理學上的「做功」。在物理學中，使用力讓某物移動稱為「做功」。做功大小所產生的相應能量（動能，kinetic energy）會施加於物體，並且改變其

橫向拉動物體時的功

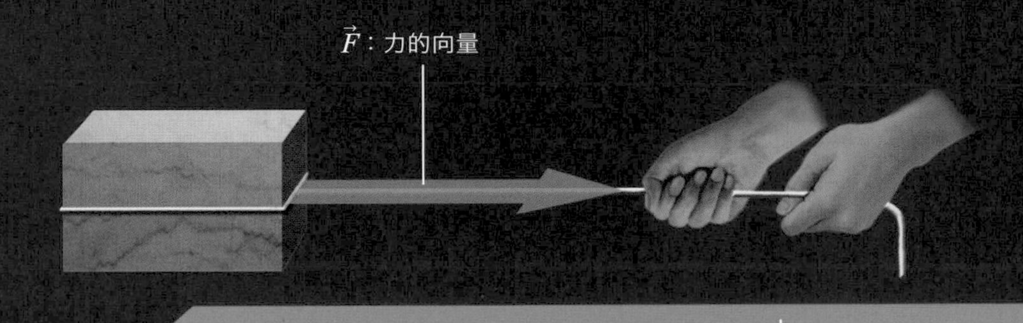

速度。

假設摩擦力忽略不計，以力$\vec{F}$持續施加在置於地面上的物體時，物體會像是在地面滑動般移動。能夠連接物體原始位置與移動後位置的向量$\vec{r}$，稱為「位移向量」（displacement vector）。當力越強（$\vec{F}$的長度$|\vec{F}|$越大）或施力的距離越長（$\vec{r}$的長度$|\vec{r}|$越大），物體的速度就會變得越快。將下圖所示的功以公式來表示，即「功$=|\vec{F}|\ |\vec{r}|$」。

何謂功

使用力讓物體移動稱為「功」。下圖所示為拉動物體的方向與物體移動方向一致的單純做功範例，以公式表示即為「功$=|\vec{F}|\ |\vec{r}|$」。次頁將會介紹一般的做功範例。

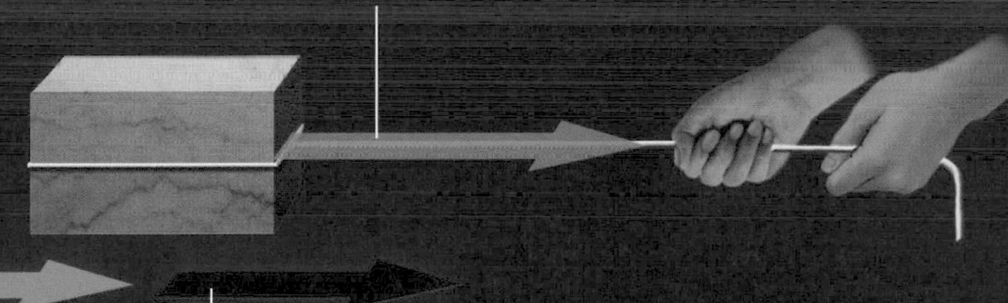

註：假設物體的重量（質量）為m、速率為v，則該物體的動能可以表示成$\frac{1}{2}mv^2$。

向量的乘法運算①內積

運用向量的「內積」可以計算功！

一般的功的公式與內積的定義相同

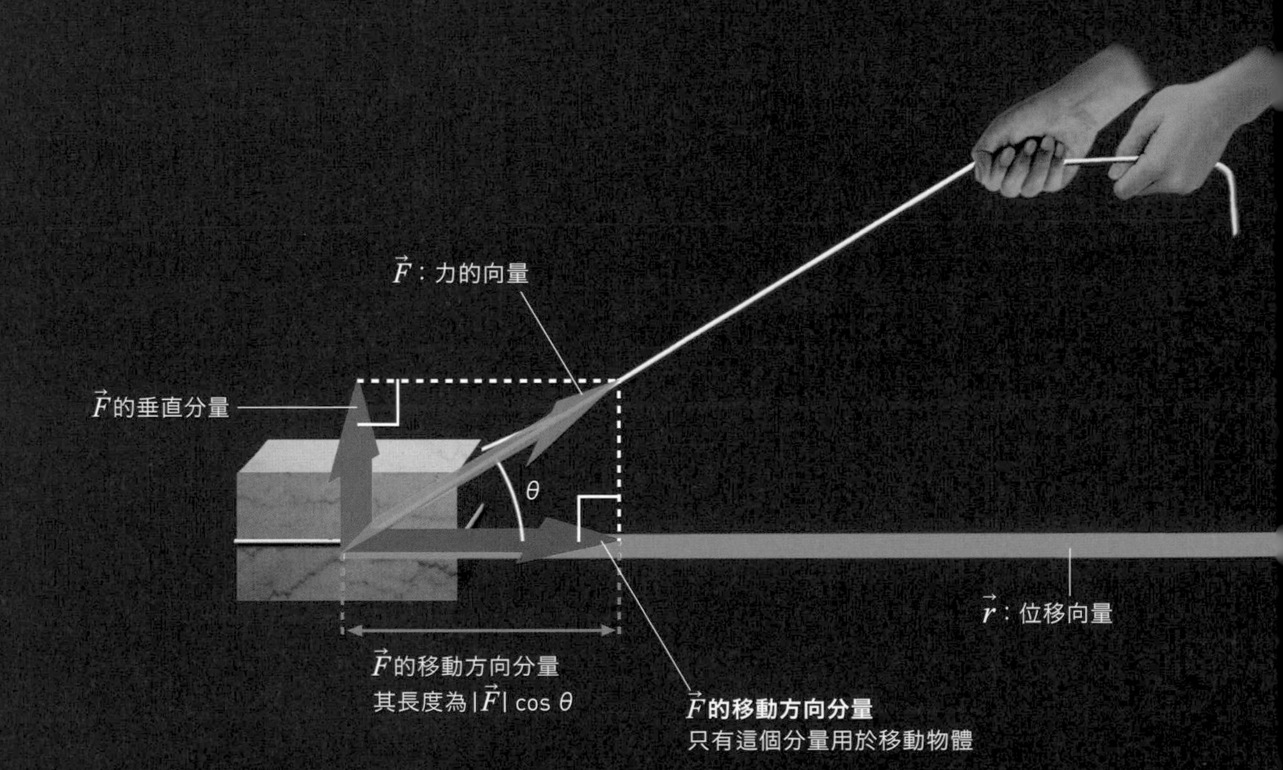

這次來思考看看，從物體斜上方施加力$\vec{F}$時，物體像是在地面滑動般移動的狀況。

與第50頁不同的地方在於，由於力是從斜上方施加，所以用於移動物體的只有力$\vec{F}$的移動方向分量。假設$\vec{F}$與$\vec{r}$的夾角為θ，那麼力$\vec{F}$的移動方向分量的大小，就能夠以「$|\vec{F}|\cos\theta$」來表示。

這裡出現的「$\cos\theta$」在三角函數中稱為「餘弦」。舉例來說，當$\theta=60$度時，$\cos\theta$的值即為0.5（詳見第54～55頁）。

將下圖所示的功以公式來表示，即「功$=|\vec{F}|\cos\theta\times|\vec{r}|=|\vec{F}||\vec{r}|\cos\theta$」。其實「$|\vec{F}||\vec{r}|\cos\theta$」正是第50頁一開始提及的內積「$\vec{F}\cdot\vec{r}$」的定義。也就是說，功在一般情況下，會以公式「功$=\vec{F}\cdot\vec{r}=|\vec{F}||\vec{r}|\cos\theta$」來表示。

用內積來表示功

下圖所示為拉動物體的方向與物體移動方向不一致的一般做功範例，以公式表示即為「功$=|\vec{F}|\,|\vec{r}|\cos\theta$」。「$|\vec{F}|\,|\vec{r}|\cos\theta$」就是內積「$\vec{F}\cdot\vec{r}$」的定義。

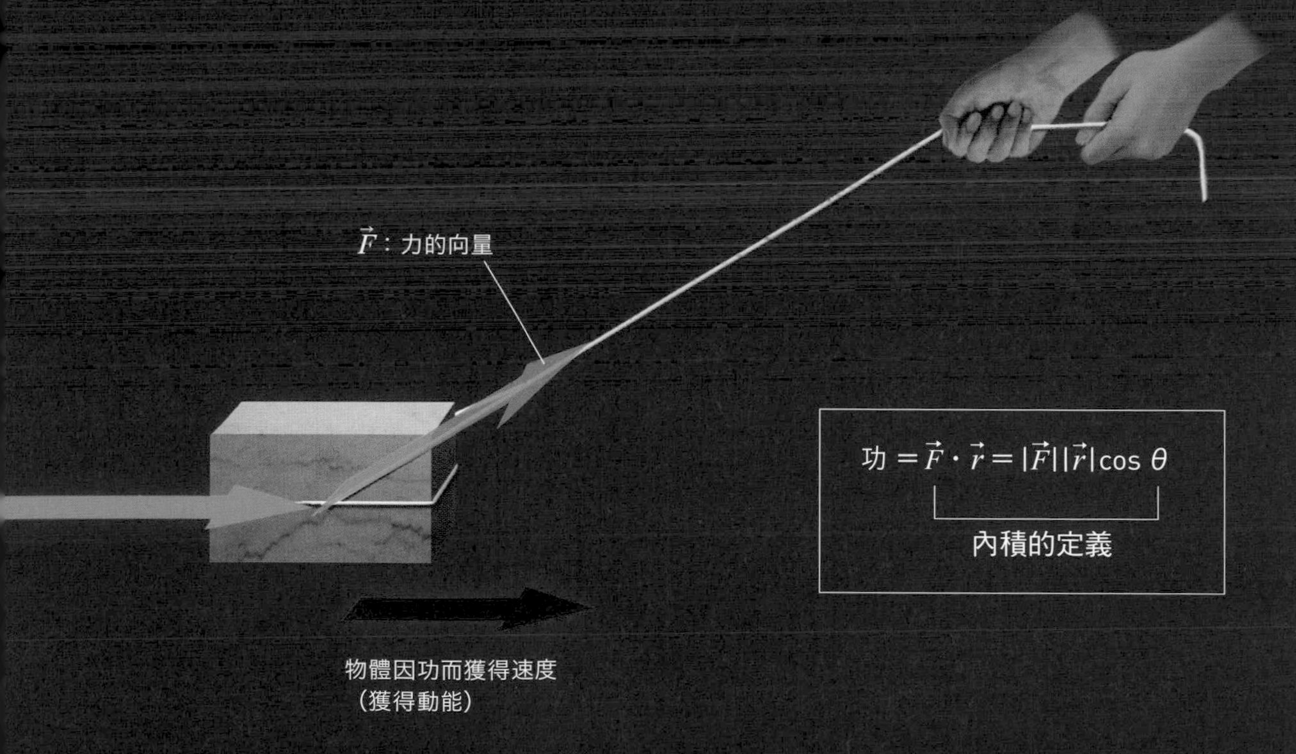

$\vec{F}$：力的向量

功 $=\vec{F}\cdot\vec{r}=|\vec{F}||\vec{r}|\cos\theta$

內積的定義

物體因功而獲得速度
（獲得動能）

向量的乘法運算①內積

何謂在內積中出現的「三角函數」？

三角函數是直角三角形邊長的「比值」

在數學的世界中，有好幾種便於了解數學的「工具」，其中最具代表性的是「三角函數」的概念。函數相當於「輸入某個數字時，會根據該數字輸出預設值的機器」。

首先如左頁圖所示，在 xy 平面上設想一個以原點 O 為中心，且半徑為 1 的圓形（單位圓）。然後將單位圓上的A點與原點 O 相連，將該線段與 x 軸的夾角角度設為「θ」。如此一

三角函數的定義

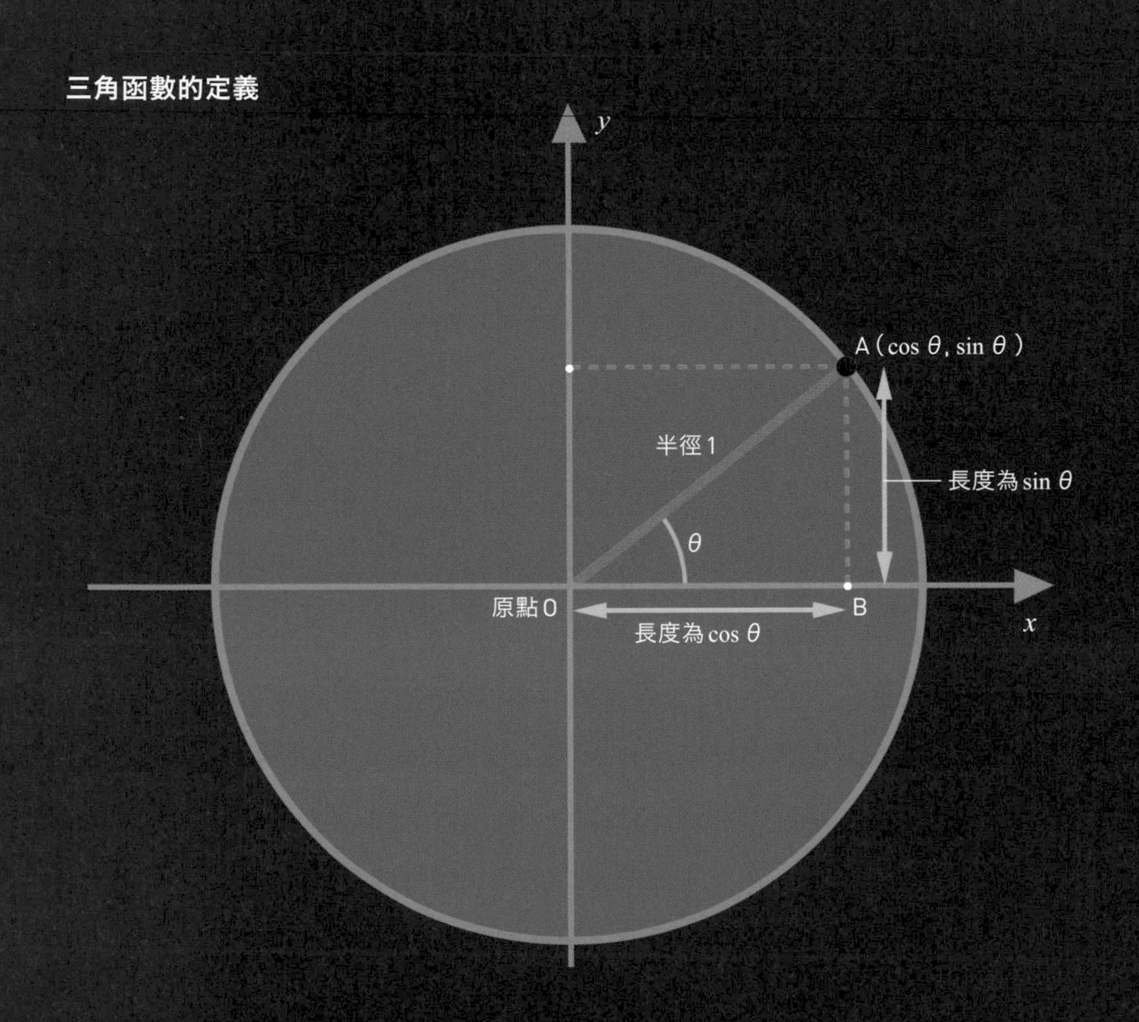

來，A點的x軸座標為$\cos\theta$，y軸座標為$\sin\theta$。在直角三角形OAB中，sin所輸出的值為「高與斜邊的比值」，而cos所輸出的值為「底邊與斜邊的比值」。

接下來，我們試著將直角三角形O′A′B′各邊的長度用三角函數來表示（右頁圖）。設O′A′的長為L。由於直角三角形O′A′B′與左頁圖中的直角三角形OAB相似，故各邊的長度為L倍。由此可知，O′B′的長為$L\cos\theta$，A′B′的長為$L\sin\theta$。

若用三角函數來表示直角三角形的邊長……

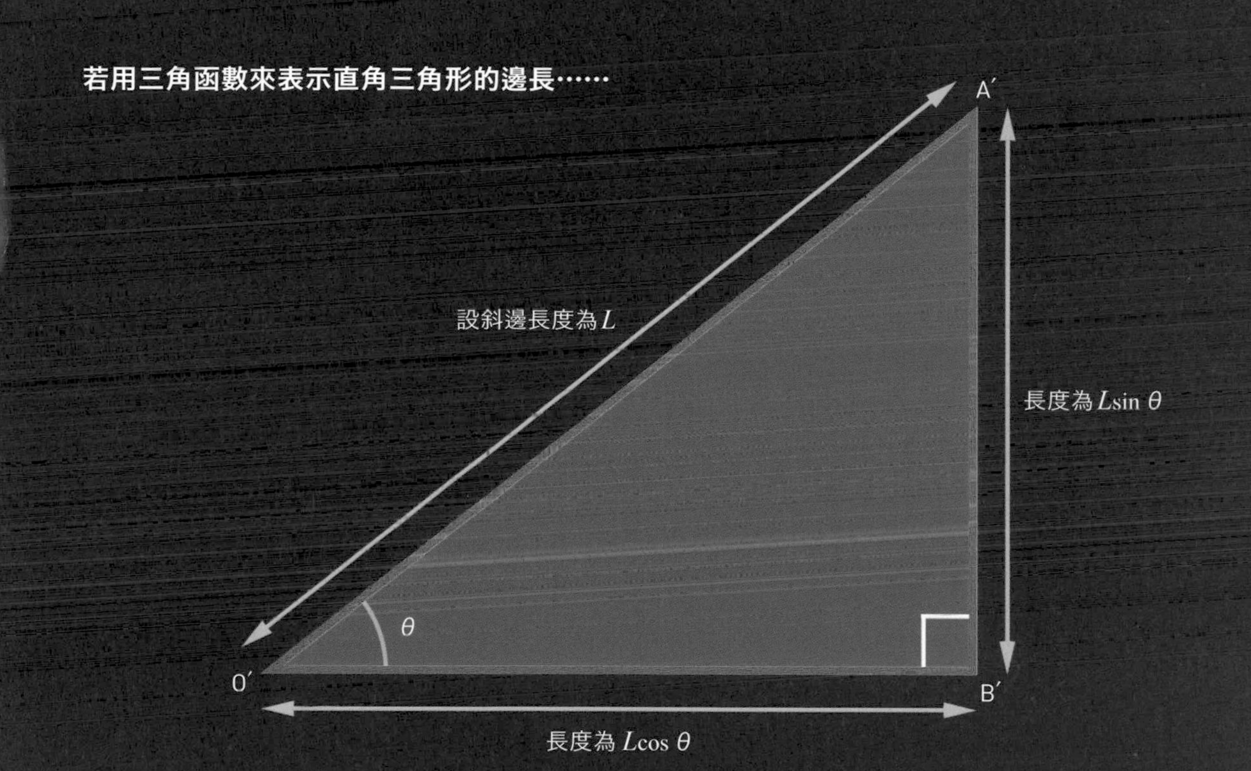

sin與cos較具代表性的值

$\cos0^\circ=1$　$\cos30^\circ=\frac{\sqrt{3}}{2}=0.866\cdots$　$\cos45^\circ=\frac{\sqrt{2}}{2}=0.707\cdots$　$\cos60^\circ=\frac{1}{2}=0.5$　$\cos90^\circ=0$

$\sin0^\circ=0^\circ$　$\sin30^\circ=\frac{1}{2}=0.5$　$\sin45^\circ=\frac{\sqrt{2}}{2}=0.707\cdots$　$\sin60^\circ=\frac{\sqrt{3}}{2}=0.866\cdots$　$\sin90^\circ=1$

向量的乘法運算①內積

運用分量表示法就能輕鬆算出內積

對各個分量進行乘法運算，再將計算結果相加即可

在表示向量$\vec{a}$、$\vec{b}$的內積「$\vec{a}\cdot\vec{b}$」時，如果將$\vec{a}$與$\vec{b}$之間的夾角設為θ，那就可以表示為「$\vec{a}\cdot\vec{b}=|\vec{a}||\vec{b}|\cos\theta$」。

如左頁圖所示來思考「$\vec{a}$被垂直於向量$\vec{b}$的光照射所產生的『$\vec{a}$的影子長度』再乘上『$\vec{b}$的長度』，即為$\vec{a}\cdot\vec{b}$」，應該會比較容易理解內積的意義。**$\vec{a}\cdot\vec{b}$並非是單純用兩個向量的長度相乘，還需要加入$\cos\theta$進行乘法**

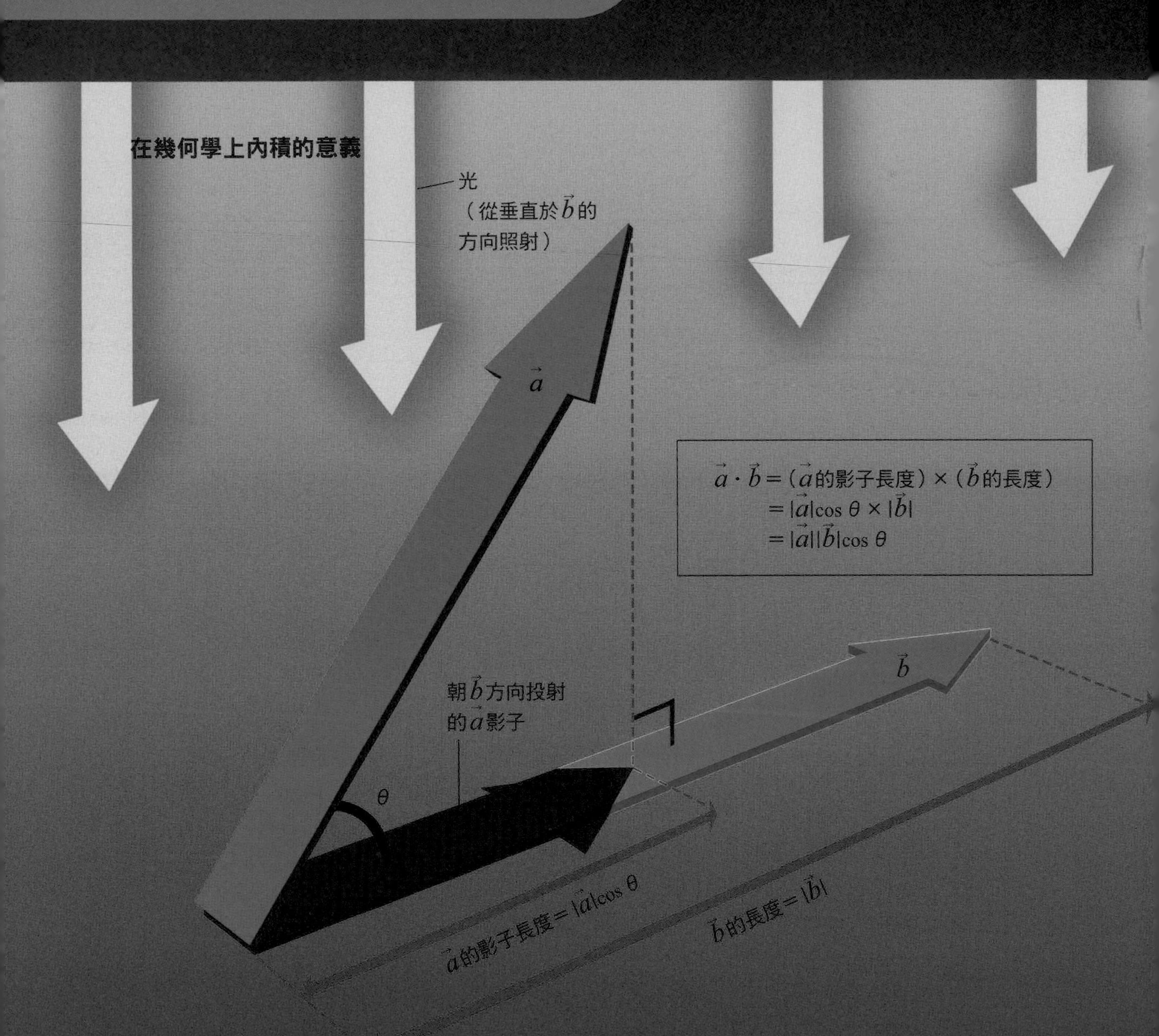

運算。此外，也要注意向量內積的計算結果並非向量，而是會變成一般的數字（純量）。

只要運用向量的分量表示法（參照第42～47頁），就能輕鬆算出內積。例如，設$\vec{a}$=（3, 3），$\vec{b}$=（4, 0），即可求出$\vec{a}\cdot\vec{b}$=3×4＋3×0＝12（右頁圖）。也就是說，分別對向量的x分量與y分量進行乘法運算，再將各計算結果相加即可。$\vec{a}$=（a_1, a_2），$\vec{b}$=（b_1, b_2）時，可得$\vec{a}\cdot\vec{b}=a_1\times b_1+a_2\times b_2$。

2種計算內積的方法

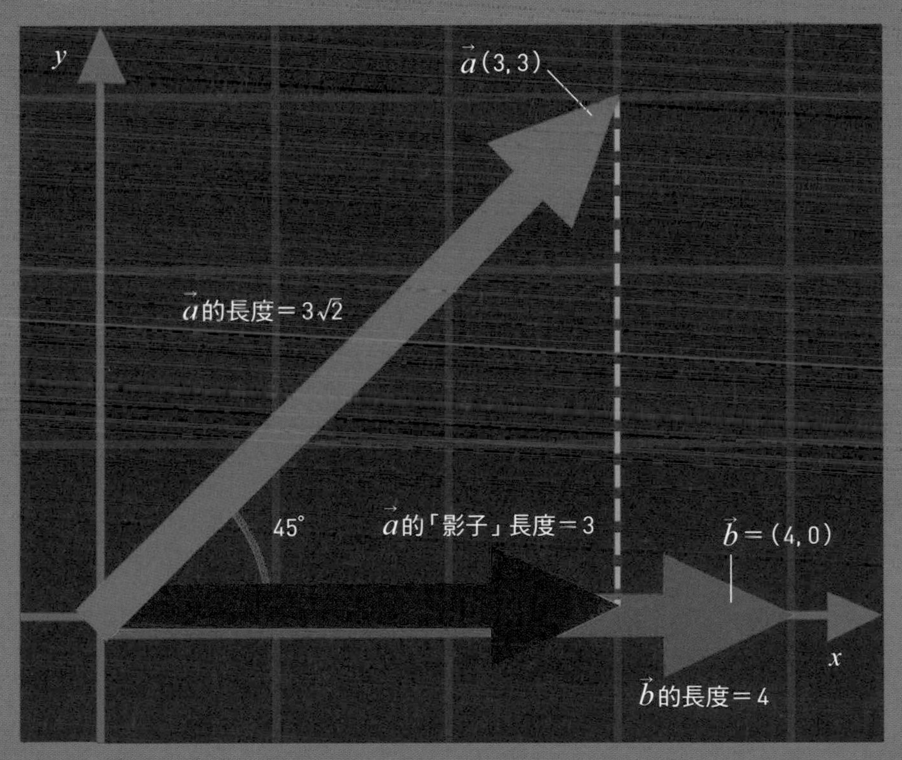

向量$\vec{a}$、$\vec{b}$的內積「$\vec{a}\cdot\vec{b}$」可以用2種方法來計算：幾何學上的計算方法（下①）與運用分量的計算方法（下②）。

①$\vec{a}\cdot\vec{b}$＝（$\vec{a}$的影子長度）×（$\vec{b}$的長度）＝3×4＝12

②$\vec{a}\cdot\vec{b}$＝（將$\vec{a}$與$\vec{b}$的x分量相乘）＋（將$\vec{a}$與$\vec{b}$的y分量相乘）
＝3×4＋3×0＝12

無論用哪一種計算方法，計算結果均相同。

向量的乘法運算①內積

正交的向量內積會如何變化？

向量的內積會變成0

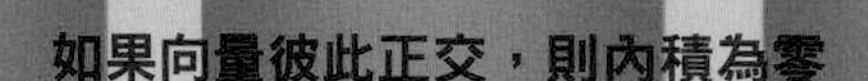

向量$\vec{a}$、$\vec{b}$的內積「$\vec{a}\cdot\vec{b}$」也會出現特別的值，那就是當向量$\vec{a}$與$\vec{b}$以直角相交（正交）的時候。當$\vec{a}$與$\vec{b}$正交，就無法投射出「$\vec{a}$的影子」（左頁圖）。向量$\vec{a}$、$\vec{b}$的內積「$\vec{a}\cdot\vec{b}$」會變成0。

反之，如果用向量的分量表示法來計算內積「$\vec{a}\cdot\vec{b}$」，當計算結果為0，就代表$\vec{a}$與$\vec{b}$正交。舉例來說，設$\vec{a}=(2, 10)$，$\vec{b}=(5,-1)$，則$\vec{a}\cdot\vec{b}=2\times5+10\times(-1)=10-10=0$。甚至不必測量角度，就能由此得知$\vec{a}$與$\vec{b}$為正交關係（右頁圖）。

這個概念在空間向量中（參照第48～49頁）亦成立。如果計算內積的結果為零，則兩個向量彼此正交。

如果計算內積的結果為零，則彼此正交

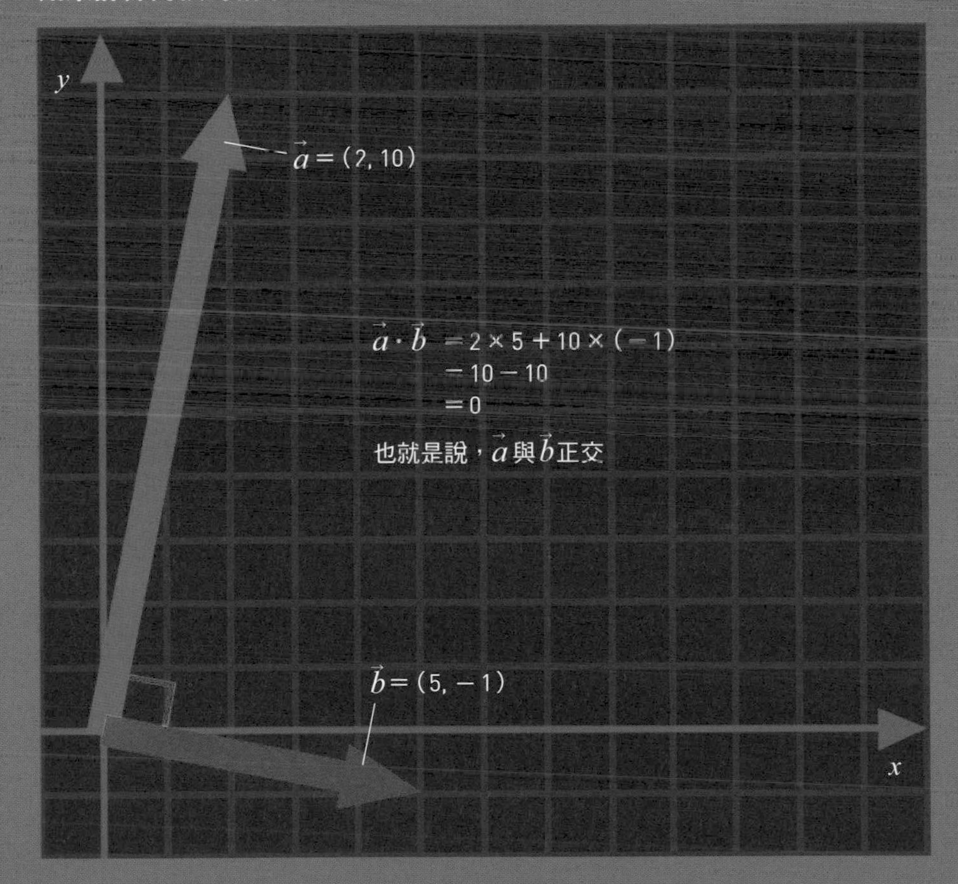

「能量守恆定律」與向量

重力在落體上所做的功

重力所做的功是以重力大小乘以高度計算而得

物體落下時重力所做的功

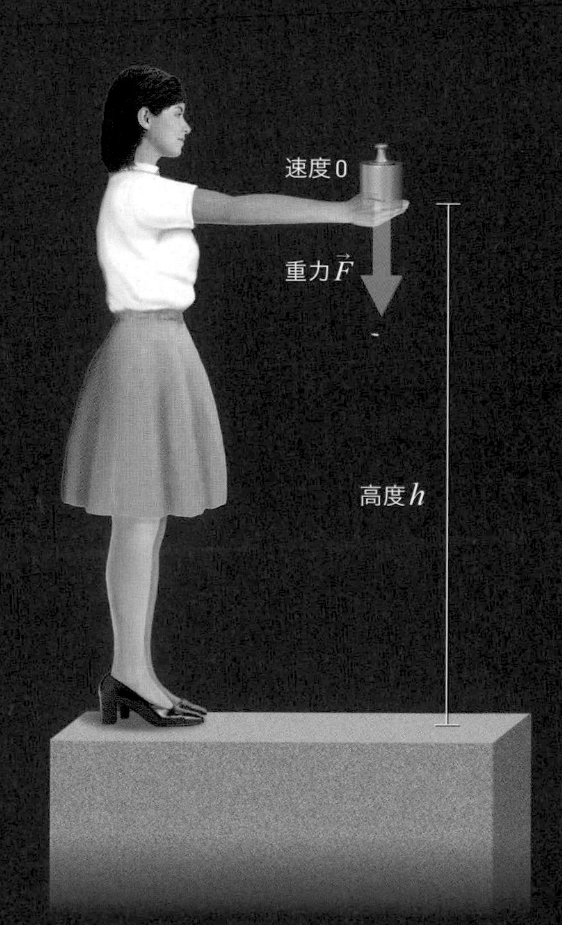

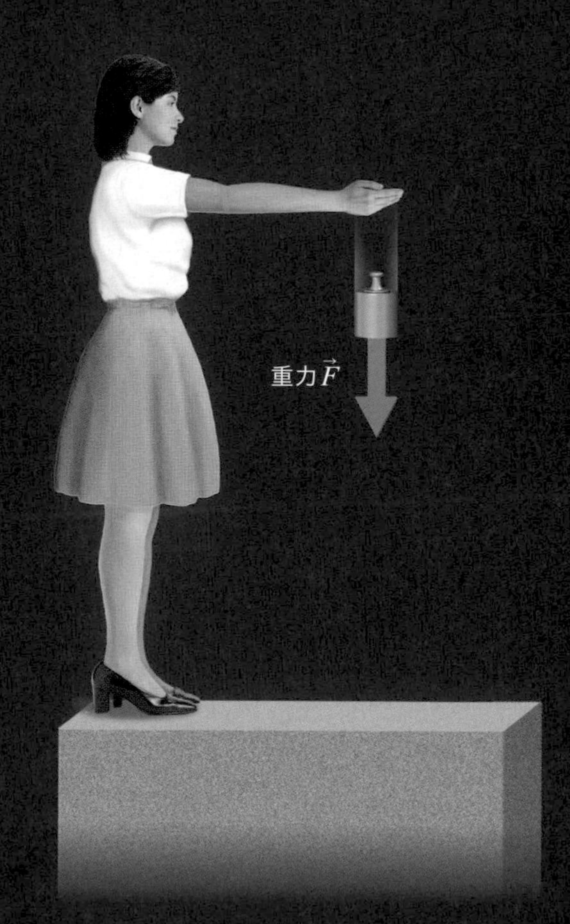

這裡將會用與第50～53頁不同的具體範例，來介紹向量的內積、做功以及與能量之間的關係。

設物體從高度 h 公尺的地方落下（下圖）。由於重力（$\vec{F}$）對物體做功，因此物體在落下的同時也在加速。也就是說，物體落下會獲得動能。這可以用下述概念來思考：「地球的重力對物體做功，這個功的量就是物體獲得的動能」。

假設連接物體原始位置與即將撞擊地面位置的位移向量為 $\vec{r_1}$（$|\vec{r_1}|=h$），則重力對物體在落至地面前所做的功，可以如下計算。

$\vec{F}\cdot\vec{r_1}=|\vec{F}||\vec{r_1}|\cos 0^\circ=|\vec{F}|h$

＜根據 $\cos 0^\circ=1$＞

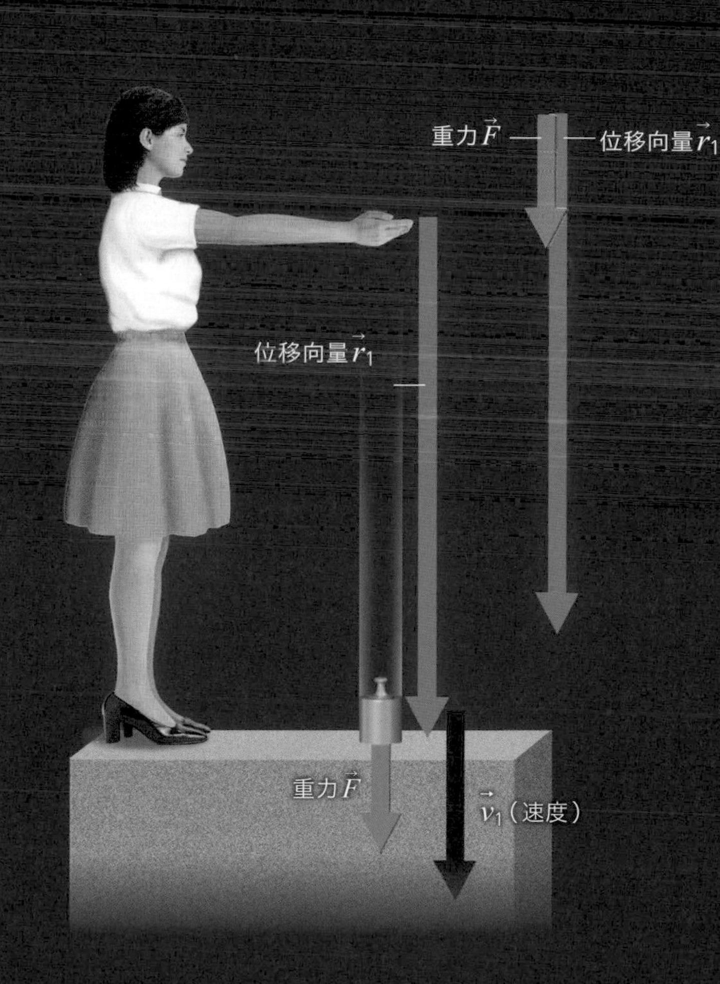

重力對物體所做的功

$\vec{F}\cdot\vec{r_1}=|\vec{F}||\vec{r_1}|\cos 0^\circ=|\vec{F}|h$

→這個量會轉變成物體的動能（速度 $\vec{v_1}$）

「能量守恆定律」與向量

重力對滑行於坡面的物體所做的功

重力做功與是否為坡面以及角度大小無關

這次就來思考看看，讓物體從高度 h 公尺的坡面滑行的例子吧。假設摩擦力忽略不計，物體滑下坡面所獲得的最終速度，與單純讓物體落下的速度相比，會比較快還是比較慢呢？

在這個狀況中，重力向量與位移向量 $\vec{r}_2$ 的方向並不一致。重力所做的功是 $\vec{F}\cdot\vec{r}_2=|\vec{F}||\vec{r}_2|\cos\theta$。如果仔細觀察右圖，會發現 $|\vec{r}_2|\cos\theta$ 剛好與高度 h 一致。因此導出的公式為 $\vec{F}\cdot\vec{r}_2=|\vec{F}|h$，由此可知，重力對滑行於坡面的物體所做的功與前頁所做的功完全相同。

以上的推導不論坡面的傾斜程度有多大（θ 值有多大）均會成立。只要作為變量的高度（h）相同，物體最終獲得的動能（速率）都會相同，與是否為坡面以及角度大小無關。是不是有點不可思議呢。

物體滑下坡面時重力所做的功

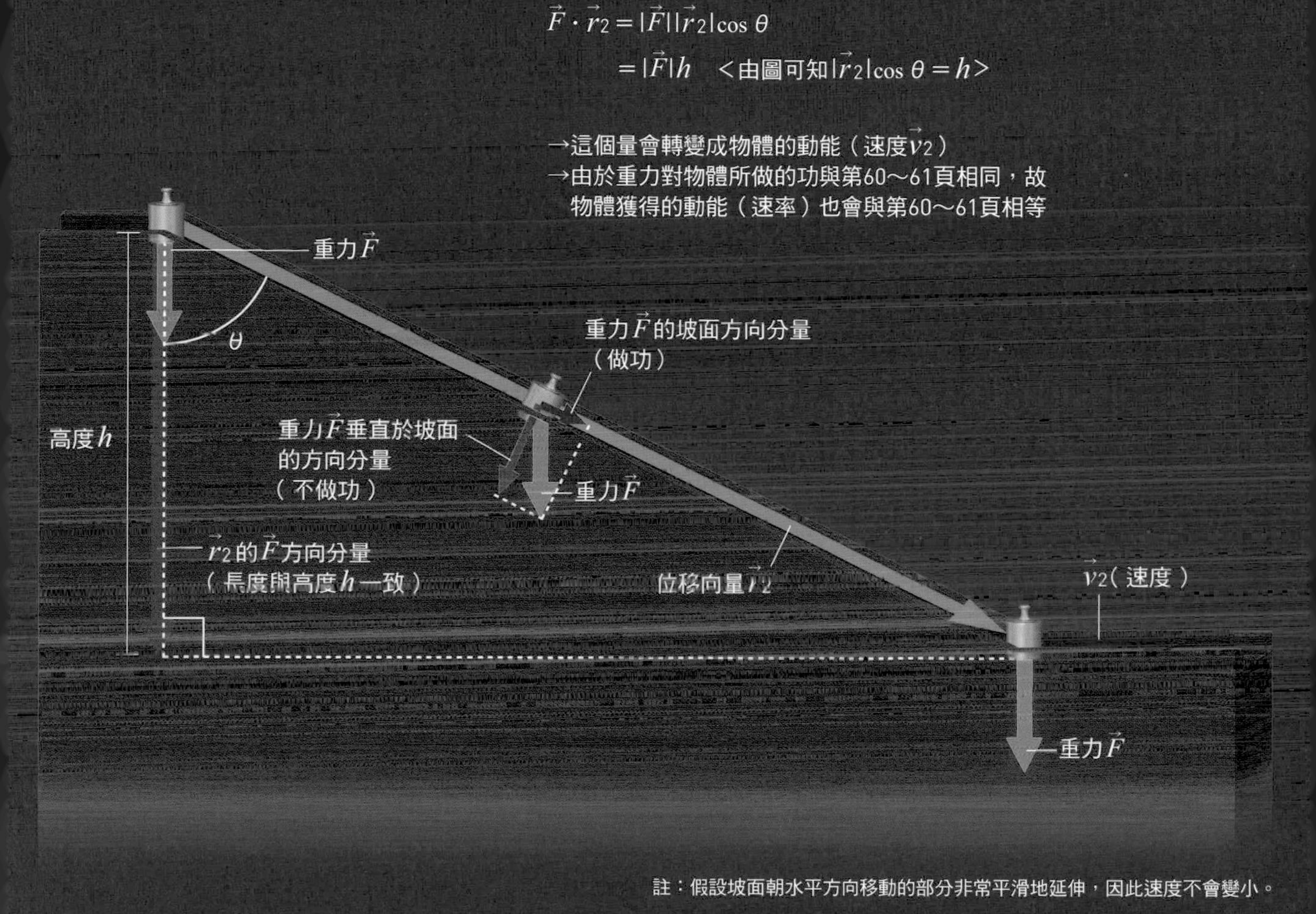

註：假設坡面朝水平方向移動的部分非常平滑地延伸，因此速度不會變小。

「能量守恆定律」與向量

何謂力學上的能量守恆定律？

位能與動能的和為固定

物體最終獲得的動能，不會受到是否為坡面以及角度大小的影響，此一概念也可以如下思考：「落下前的物體具有依高度 h 而定的『潛在能量』。」這個「潛在能量」稱為「位能」（potential energy）或是「勢能」。

已知假設物體的質量為 m，重力加速度（落下的物體在 1 秒內獲得的速度）為 g 時，重力的大小為 mg（$|\vec{F}|$），而物體的位能可以用 mgh 來表示。

位能與動能的和為固定，這就稱之為「能量守恆定律」（law of conservation of energy）。

物體落下時位能會減少，其減少的量會使動能增加。不論是垂直落下還是從坡面滑落，只要高度的減少量相同，位能的減少量也會相同，於是動能的增加量（速率的增加量）亦同。

位能與動能的總能量守恆

試以雲霄飛車為例來理解「能量守恆定律」。在條狀圖中，以不同顏色來表示位能與動能，位能是綠色，動能是粉色。隨著雲霄飛車從最高點到最低點，位能的比例逐漸降低，而其減少的量就是動能所增加的比例。

註：假設物體的重量（質量）為 m，速度為 v，則物體的動能可以用 $\frac{1}{2}mv^2$ 來表示。

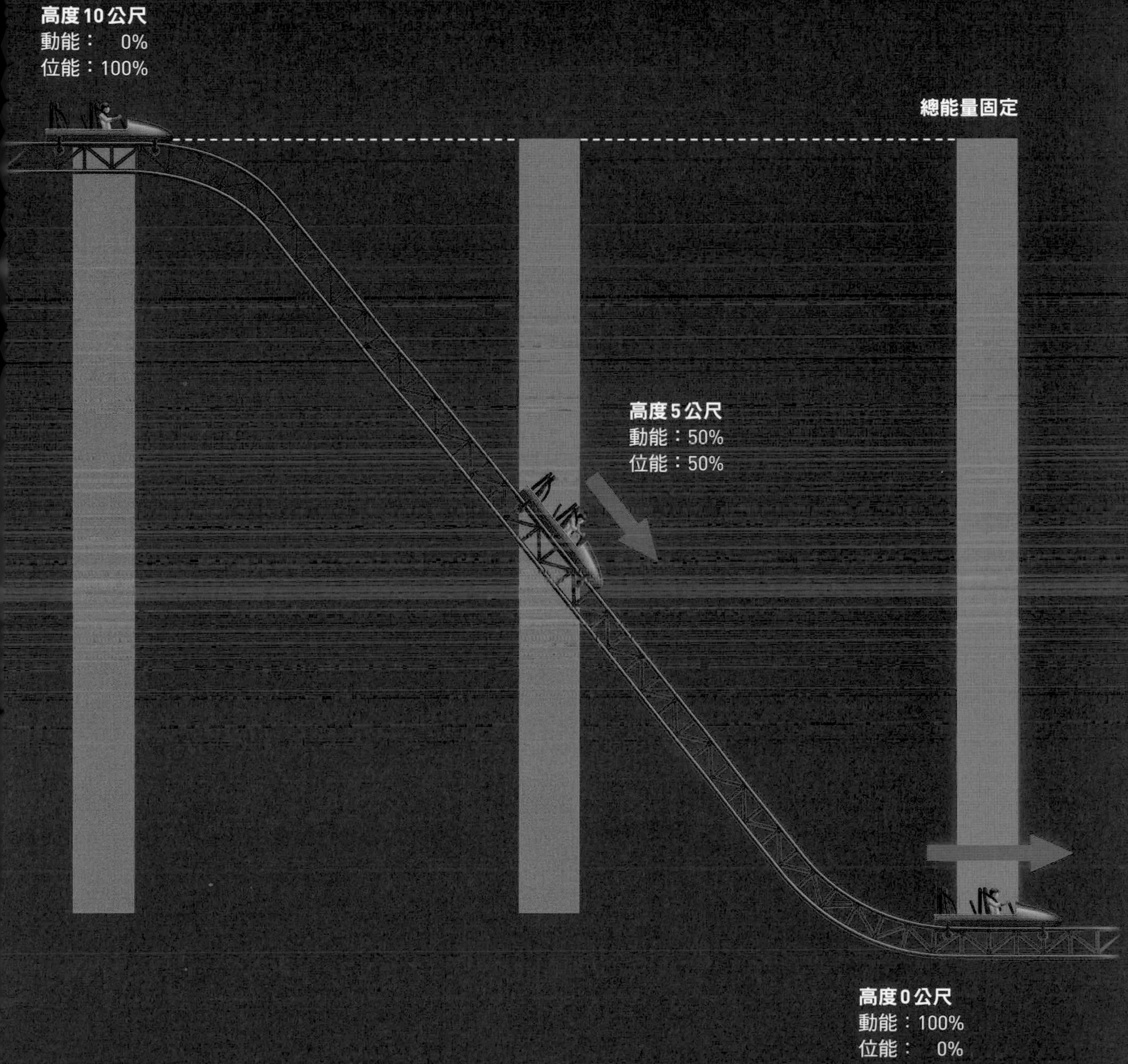

高度 10 公尺
動能：　0%
位能：100%

總能量固定

高度 5 公尺
動能：50%
位能：50%

高度 0 公尺
動能：100%
位能：　0%

向量的乘法運算②外積

何謂向量場
電與磁的力 會產生向量場

像是電場、磁場等，自然界中存在著各式各樣的物理場（field）。其中最具代表性的就是「向量場」與「純量場」。

若要舉身邊常見的範例，同時具有「大小與方向」的風場圖就是一種向量場。另一方面，由於氣壓只有一個值，因此氣壓的分布圖就是純量場。

「電場」是一種向量場。如果在帶正電的A粒子旁邊放置帶負電的B粒

帶電粒子製造的電場（向量場）

電場的強度（向量的長度）會隨著離中心的帶電粒子越遠而越弱（與距離的平方成反比）。帶正電的粒子所製造的電場，其向量方向是從粒子朝外；帶負電的粒子所製造的電場，其向量方向則是從外朝向粒子。若把帶電粒子放在前述電場中就會受力。

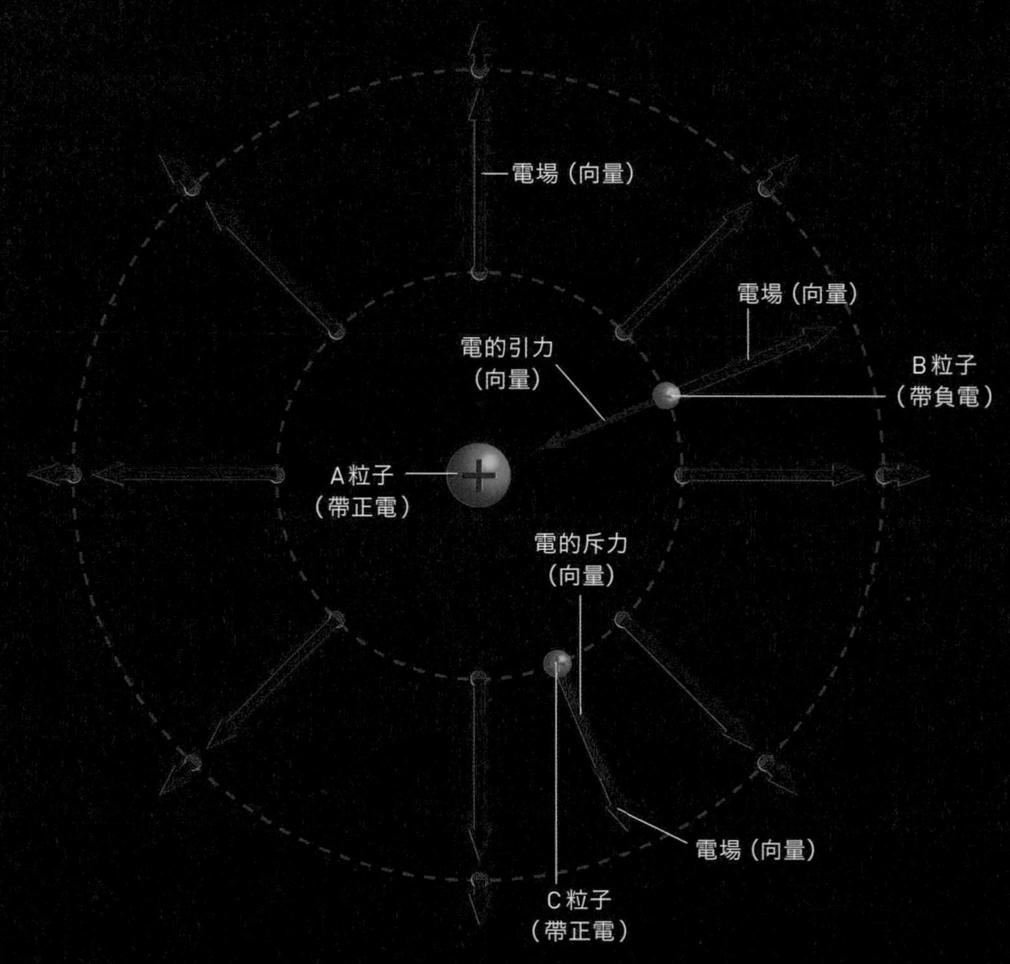

子，B就會受到朝A的方向靠近的引力。另一方面，如果在帶正電的A粒子旁邊放置帶正電的C粒子，C會受到朝A的方向遠離的斥力。

在該狀況中，A粒子的周圍會出現類似於風場圖的向量場，名為電場。而B與C就像是受到風施力的樹葉，在其所在位置受到來自電場的力。

因磁力產生的引力和斥力也是相同道理。磁鐵在周圍製造出名為「磁場」的向量場，位於該磁鐵附近的小磁鐵就會受到來自磁場的力。

磁鐵棒製造的磁場（向量場）

磁場的強度（向量的長度）會隨著離磁極越遠而越弱。磁場的向量方向是從N極出，S極進。放置在該磁鐵附近的其他磁鐵，其N極會受朝磁場方向的力；相反地，其S極會受與磁場反向的力。

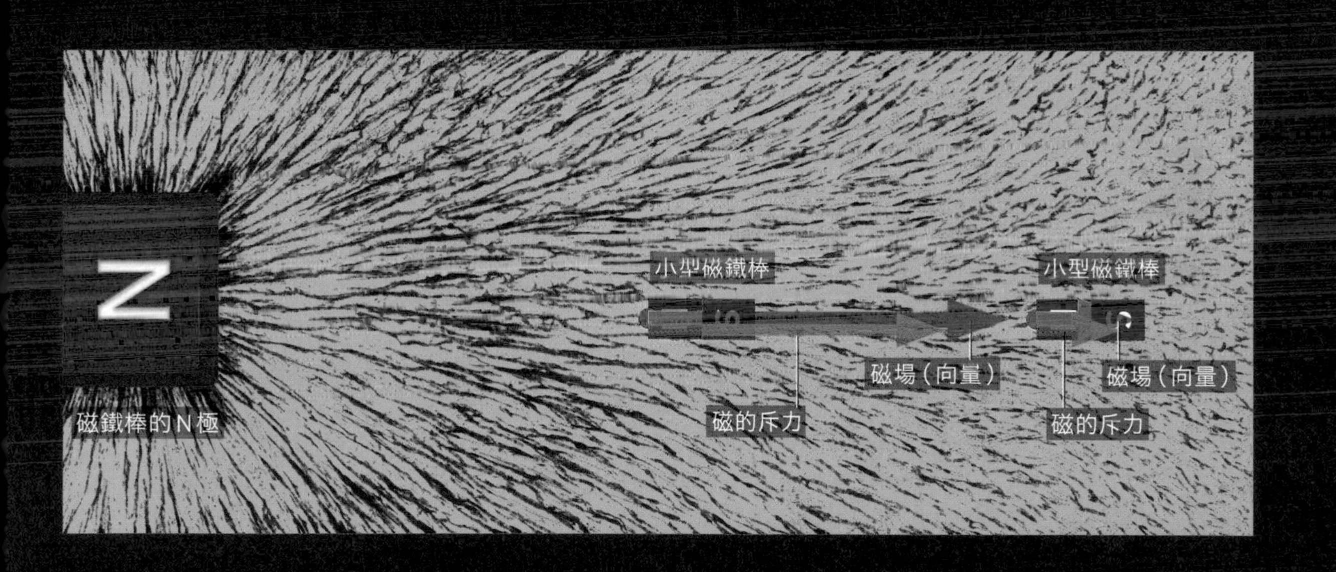

註：實際的電場與磁場其向量會存在於空間中每一個點。
由於無法在圖中全部描繪出來，故此處僅以黃點位置的電場、磁場向量為代表。

向量的乘法運算②外積

用向量來了解馬達的構造吧

電流與磁場的力越大，導線所受的力越大

近似於乘法運算的向量計算，除了內積之外還有「外積」。向量$\vec{I}$與$\vec{B}$的外積寫作「$\vec{I}\times\vec{B}$」，讀作「I-cross-B」等。在說明外積的定義之前，先來介紹與外積相關的「馬達」原理吧。

所謂馬達，是利用電力來產生旋轉等運動的裝置。以電風扇為首，幾乎所有的家電產品都是由馬達組成。馬達構造的基本原理為「當電流通過磁

馬達

當電流通過磁場中的導線時，導線會受力。馬達就是妥善利用這個力，讓線圈（環狀導線）持續旋轉的裝置。

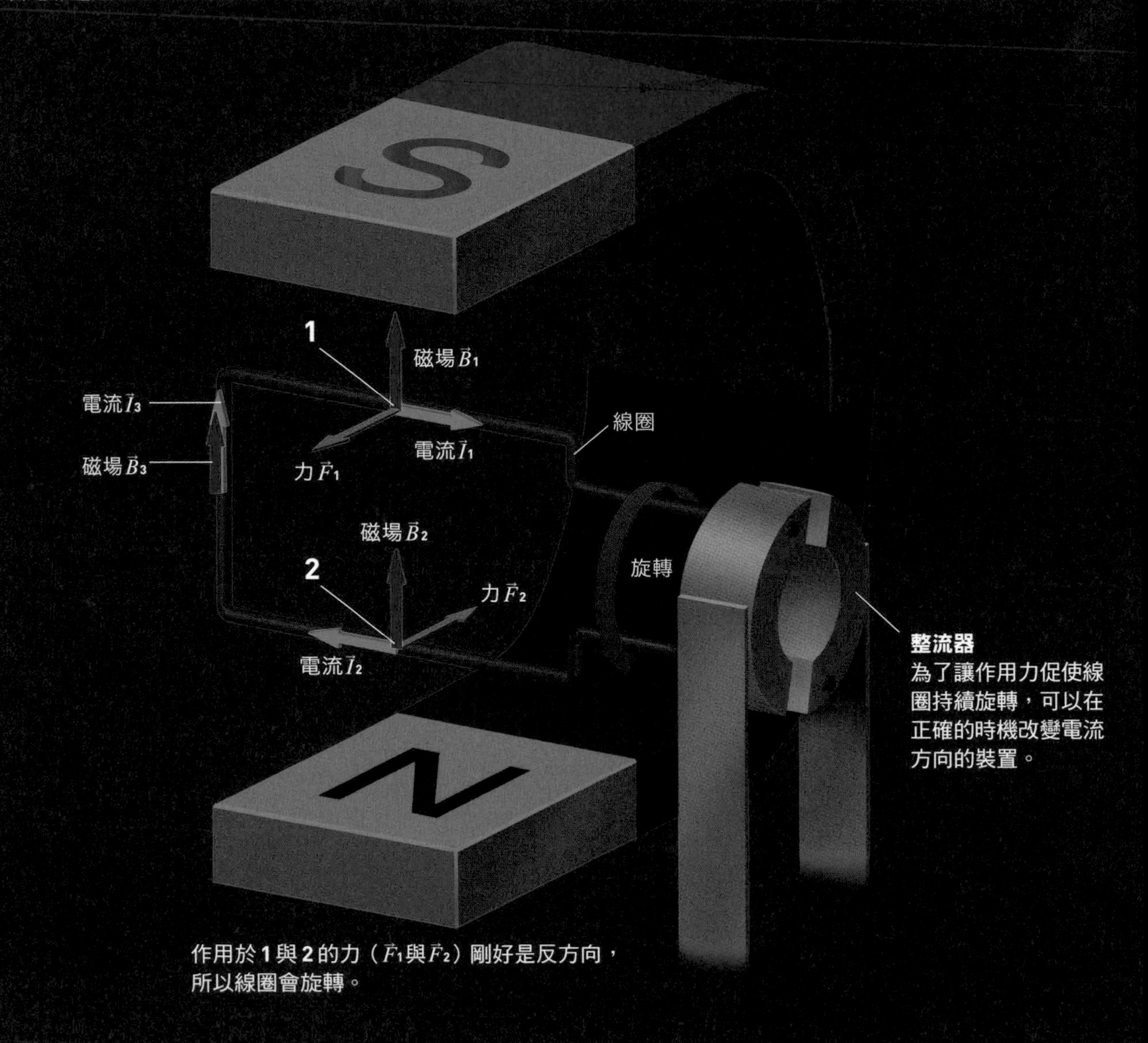

作用於1與2的力（$\vec{F}_1$與$\vec{F}_2$）剛好是反方向，所以線圈會旋轉。

場中的導線時，導線會受力」。只要妥善運用這個力，便能藉此產生旋轉運動。

假設電流的向量為$\vec{I}$，磁場的向量為$\vec{B}$，導線所受的力的向量為$\vec{F}$。可知當電流越大（$|\vec{I}|$越大）或磁場越強（$|\vec{B}|$越大），則導線所受的力越大（與$|\vec{I}|$、$|\vec{B}|$成正比）。

基於上述條件，導線所受的力$\vec{F}$的大小（$|\vec{F}|$）可以表示為以下公式。

$$|\vec{F}|=|\vec{I}|\,|\vec{B}|$$

馬達的構造

通過磁場的電流會受力，這個力為馬達的原動力，可以用向量的外積來表示。

1的放大圖：線圈上側所受的力

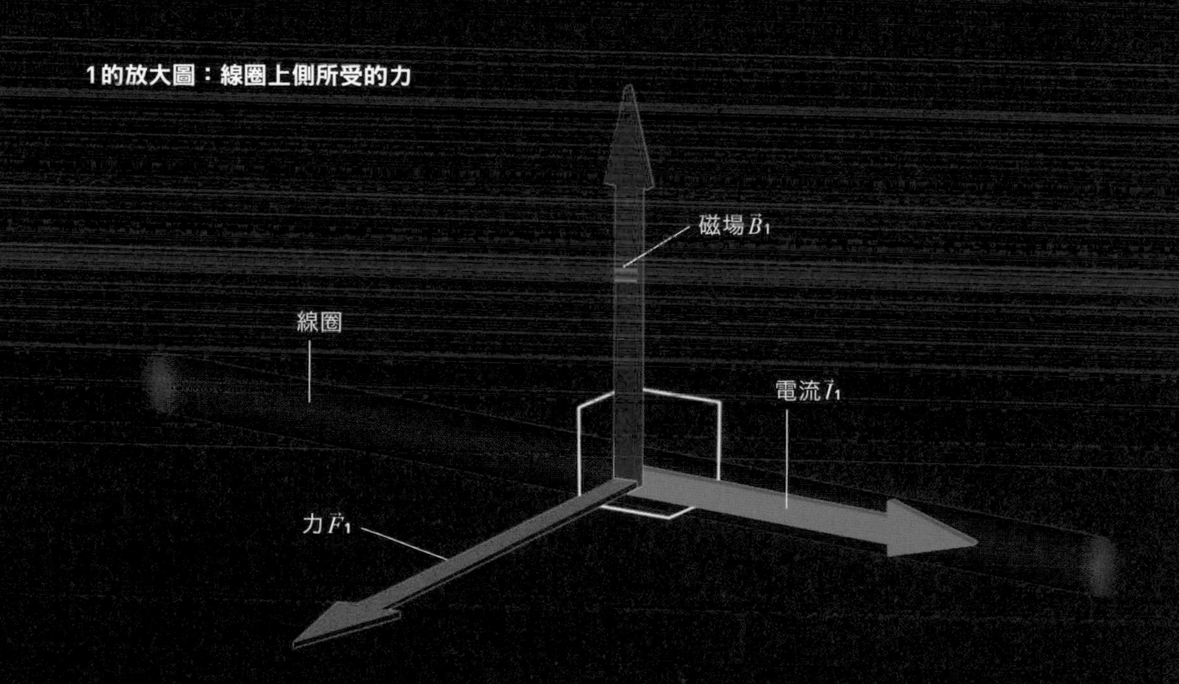

力$\vec{F}_1$的強度＝ $|\vec{I}_1|\,|\vec{B}_1|$

向量的乘法運算②外積

用肢體來了解馬達的動力吧

「弗萊明左手定則」所演示的電流、磁場與力

在這裡要介紹運用自己的手就能夠理解馬達動力的方法，即「弗萊明左手定則」（Fleming's left hand rule）。這是由英國物理學家弗萊明（John Fleming，1849～1945）所想出的著名方法，應該也有不少讀者還記得曾在國高中的課堂上學過。

當用左手的中指、食指與大拇指擺出如圖所示的手勢時，「中指代表電

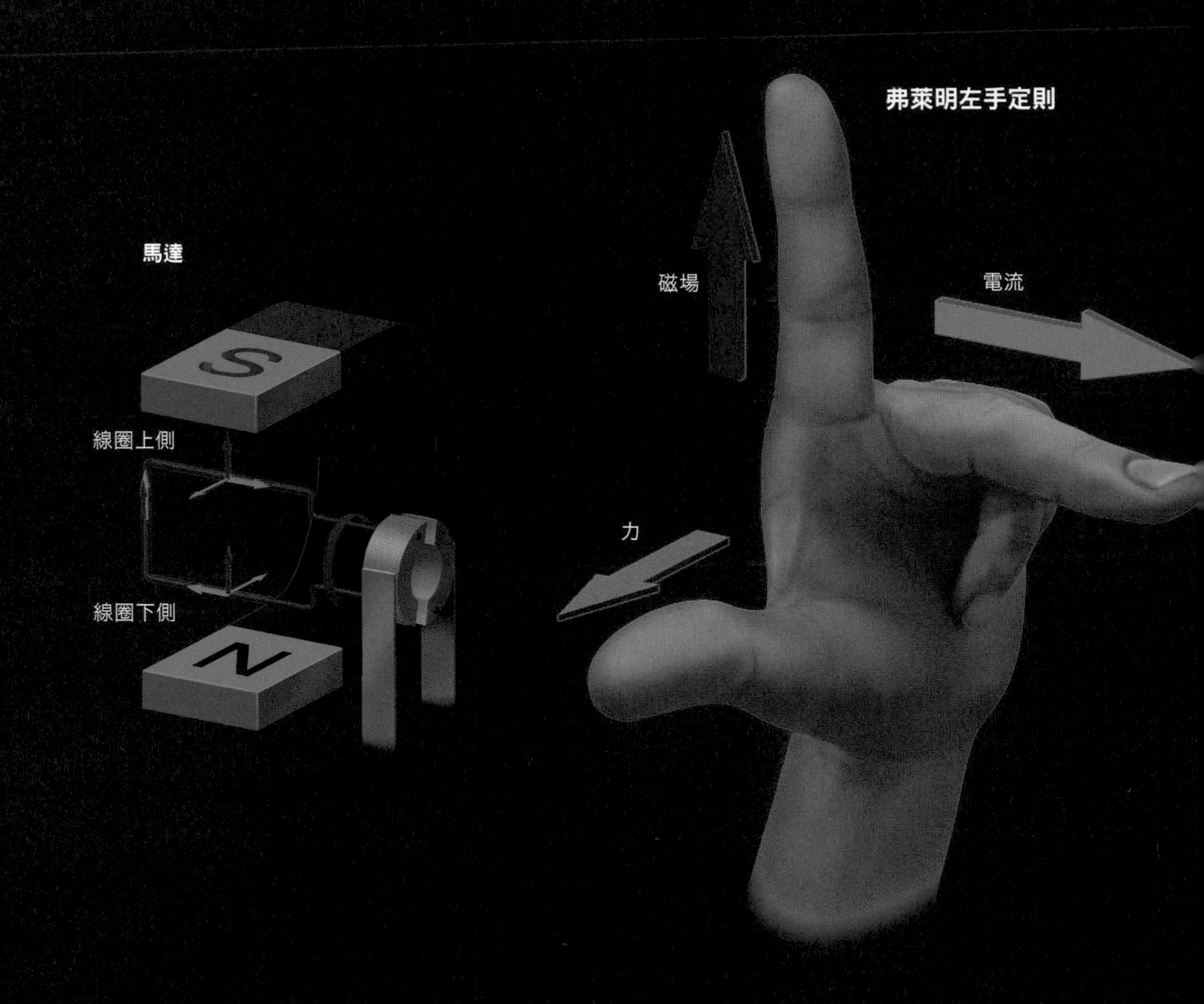

流，食指代表磁場，而大拇指則代表導線受力的方向（從中指開始依序為「電、磁、力」）」。此外，儘管電流（中指）與磁場（食指）的方向未必正交，但是力（大拇指）必會同時與電流及磁場正交。

透過弗萊明左手定則，可知在馬達線圈上側與下側作用的力剛好方向相反，故線圈會旋轉。

弗萊明左手定則

分別伸出左手的中指、食指與大拇指，各自形成直角。當以中指為電流的方向、以食指為磁場的方向（N極朝S極的方向）時，大拇指所指的方向即為導線受力的方向。

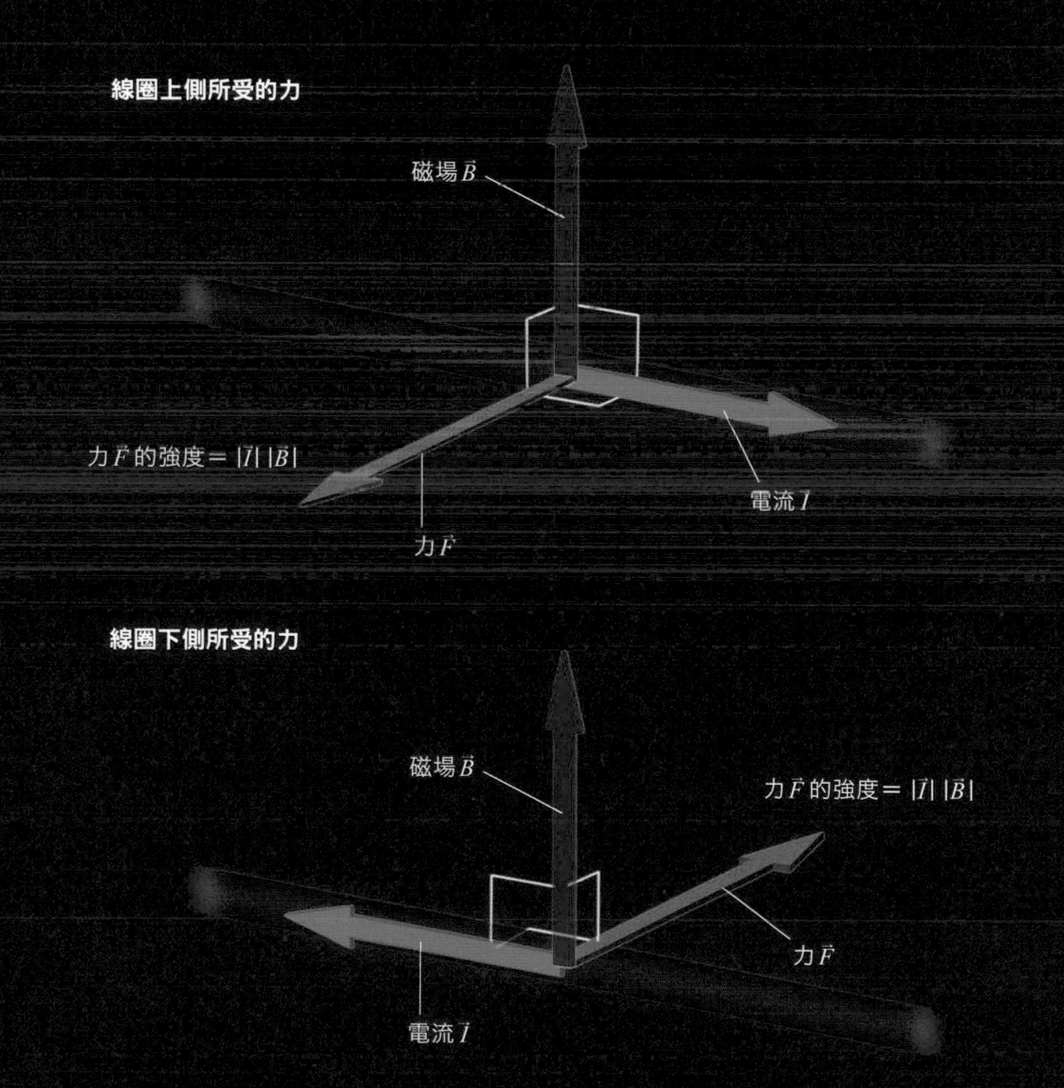

向量的乘法運算②外積

從馬達的構造來了解「外積」吧

當電流與磁場沒有正交時，力的方向會……

再來思考看看，如左頁圖中以○標示的位置，當電流方向（$\vec{I}$）與磁場方向（$\vec{B}$）一致（平行）時的狀況吧。已知此時導線並不受力。

接著，如果是如右頁圖所示，在線圈稍微轉動之後（電流與磁場既沒有正交也不平行時）又是如何呢？可以將電流的向量分解成與磁場「平行的分量」、與磁場「垂直的分量」來思考。如此一來，由於與磁場平行的分

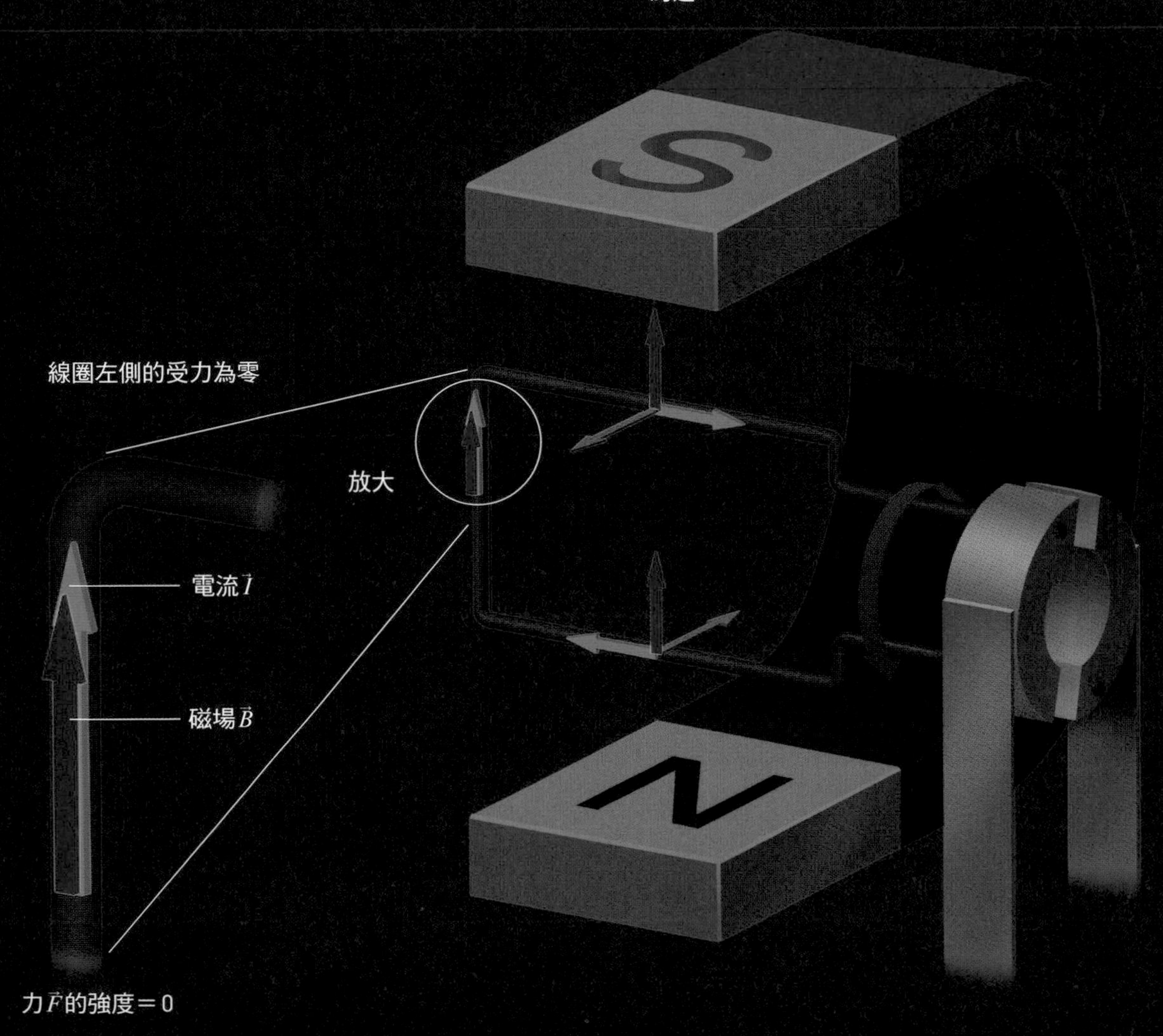

量沒有力在作用，因此只有與磁場垂直的分量有受力。與磁場垂直的電流分量長度為 $|\vec{I}|\sin\theta$ ，故受到的力 $\vec{F}$ 的大小可以如下表示。

$|\vec{F}|=|\vec{I}|\,|\vec{B}|\,\sin\theta$

事實上，在這個公式的右邊正是 $\vec{I}$ 與 $\vec{B}$ 的外積 $\vec{I}\times\vec{B}$ 大小的定義（ $|\vec{I}\times\vec{B}|=|\vec{I}||\vec{B}|\sin\theta$ ），而導線所受的力 $\vec{F}$ 可以用「 $\vec{F}=\vec{I}\times\vec{B}$ 」來表示。 $\vec{F}$ 即 $\vec{I}\times\vec{B}$ ，是同時與 $\vec{I}$ 、 $\vec{B}$ 兩者正交的向量。

電流與磁場沒有正交時

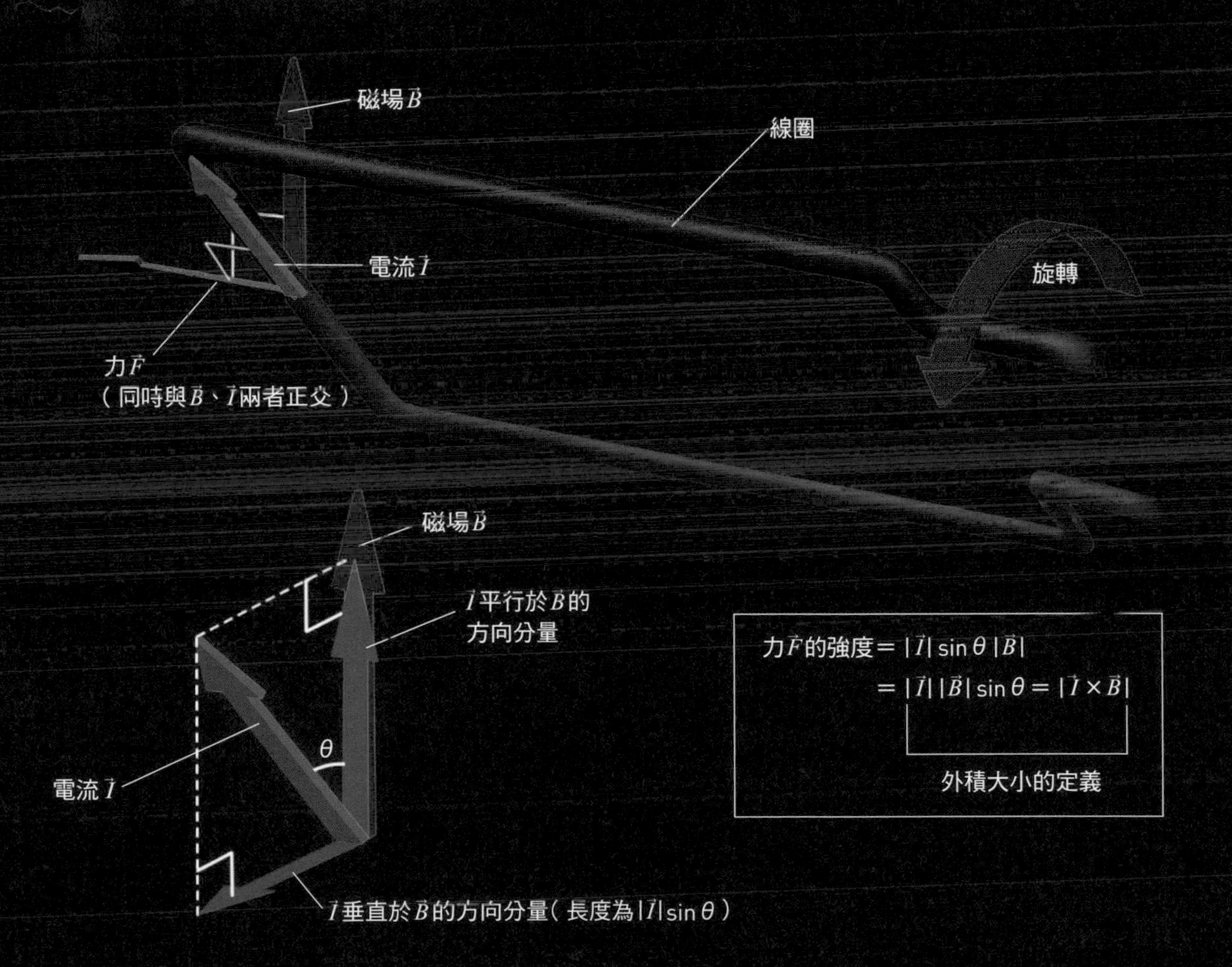

力 $\vec{F}$ 的強度 $=|\vec{I}|\sin\theta\,|\vec{B}|$

$=|\vec{I}||\vec{B}|\sin\theta=|\vec{I}\times\vec{B}|$

外積大小的定義

向量的乘法運算②外積

外積有助於了解電力與磁力

外積是同時與兩個向量垂直的向量

從前頁可知外積就是「同時與兩個向量正交的『第三個向量』」。而外積的概念，對於了解電力與磁力的相關現象十分有用。內積並非向量，而是單純的數（純量），外積卻是具有方向的向量。思考外積時，要將其設想為具有三個分量（x、y、z）的空間中的向量（空間向量）。

如同在前頁所見，$\vec{a}\times\vec{b}$的長度為

外積的定義

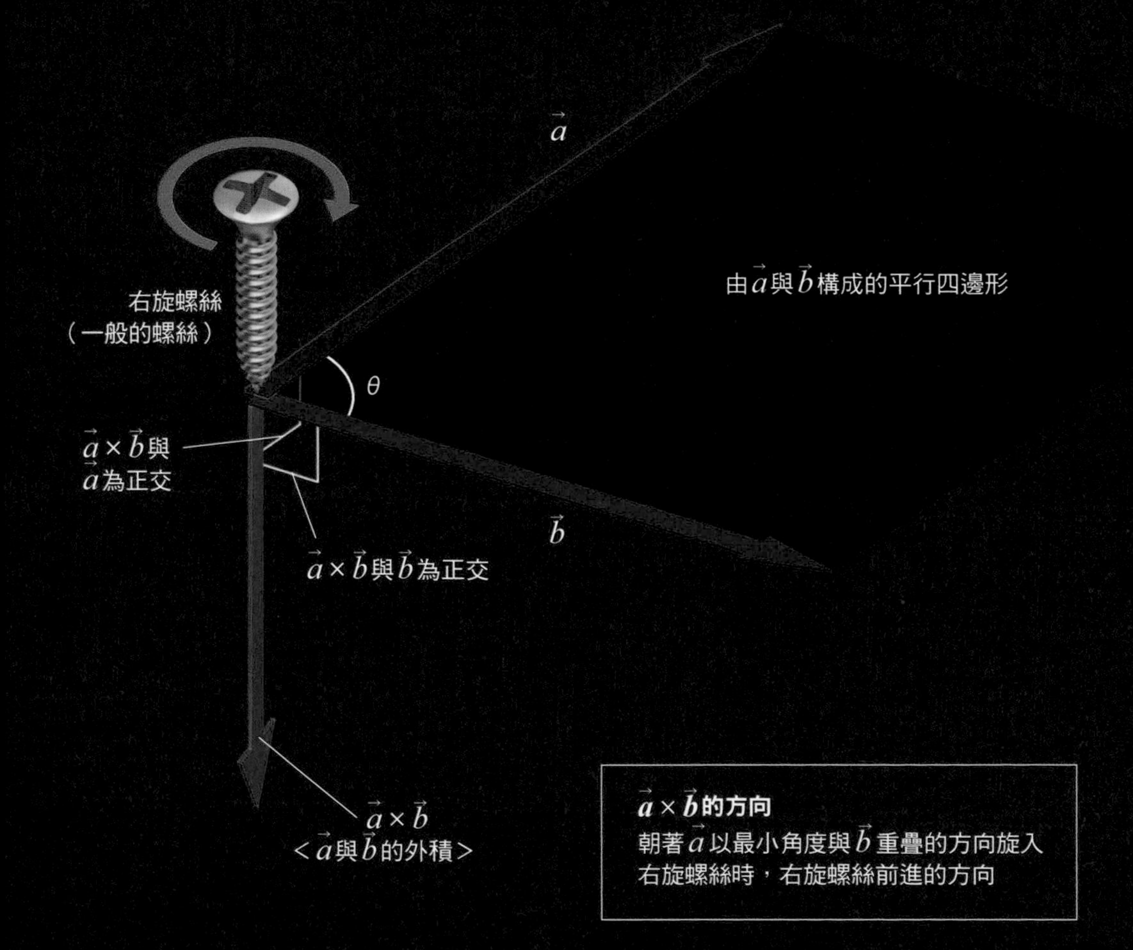

$\vec{a}\times\vec{b}$的方向
朝著$\vec{a}$以最小角度與$\vec{b}$重疊的方向旋入右旋螺絲時，右旋螺絲前進的方向

$|\vec{a}\times\vec{b}|=|\vec{a}|\ |\vec{b}|\sin\theta$（$|\vec{a}\times\vec{b}|$、$|\vec{a}|$、$|\vec{b}|$ 為各自的向量長度，θ 為 $\vec{a}$ 與 $\vec{b}$ 的夾角）。也就是說，$\vec{a}\times\vec{b}$ 的大小並非單純以 $\vec{a}$ 與 $\vec{b}$ 的大小相乘而得，還必須加入 $\sin\theta$ 的部分進行乘法運算。相對地，計算內積時則是加入 $\cos\theta$。

從幾何學的觀點來理解的話，也可以說「$\vec{a}\times\vec{b}$ 的長度與由 $\vec{a}$ 和 $\vec{b}$ 構成的平行四邊形面積相等」。然而，同時與 $\vec{a}$、$\vec{b}$ 兩者垂直的向量，實際上會有「上或下」兩種不同的方向。當如左頁圖所示，右旋螺絲（一般螺絲）從 $\vec{a}$ 朝 $\vec{b}$ 旋入時，右旋螺絲前進的方向就被定義為 $\vec{a}\times\vec{b}$ 的方向。

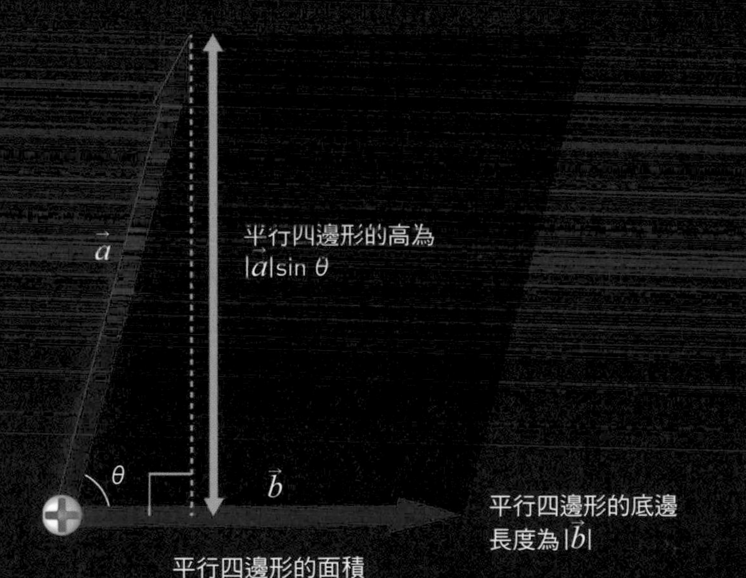

平行四邊形的面積
= 底邊×高
$=|\vec{b}|\times|\vec{a}|\sin\theta$
$=|\vec{a}|\ |\vec{b}|\sin\theta$

$\vec{a}\times\vec{b}$ 的長度
會與由 $\vec{a}$ 和 $\vec{b}$ 所組成的平行四邊形面積相等
$|\vec{a}\times\vec{b}|=|\vec{a}||\vec{b}|\sin\theta$

平行向量的外積為零

$\vec{a}\times\vec{b}=0$

$\vec{a}$

$\vec{b}$

若 $\vec{a}$ 與 $\vec{b}$ 平行，則由 $\vec{a}$ 和 $\vec{b}$ 構成的平行四邊形會「毀壞」，外積的值變成零（平行四邊形的面積為零。由於 $\vec{a}$ 與 $\vec{b}$ 的夾角為0度，故 $\sin 0^\circ=0$）。

Column

Coffee Break

用向量的分量即可輕鬆算出外積

已知運用向量的分量表示法，就能夠輕鬆算出外積。只要依照特定的規則，從兩個向量分量之間的相乘到減法運算皆能使用。舉例來說，$\vec{a}$=(1, 2, 3)，$\vec{b}$=(4, 5, 6)時，可以計算出$\vec{a}\times\vec{b}$=(2×6－3×5, 3×4－1×6，1×5－2×4)＝(12－15, 12－6, 5－8)＝(－3, 6,－3)。乍看之下很複雜的計算，只要掌握規則就會很簡單。此外，前述向量的配置如右圖所示，$\vec{a}\times\vec{b}$與$\vec{a}$以及$\vec{b}$為正交，這可以透過計算出內積為零來加以驗證。

再來看看外積的公式吧。設$\vec{a}$＝($\vec{a}_1$, $\vec{a}_2$, $\vec{a}_3$)，$\vec{b}$＝($\vec{b}_1$, $\vec{b}_2$, $\vec{b}_3$)，則如下所示。

$\vec{a}\times\vec{b}$＝($a_2b_3-a_3b_2$, $a_3b_1-a_1b_3$, $a_1b_2-a_2b_1$)

外積的計算方法

設$\vec{a}$＝(1, 2, 3)，$\vec{b}$＝(4, 5, 6)。將$\vec{a}$的分量如右所示排在上層，$\vec{b}$的分量排在下層。但x分量在最右方要多排一次。

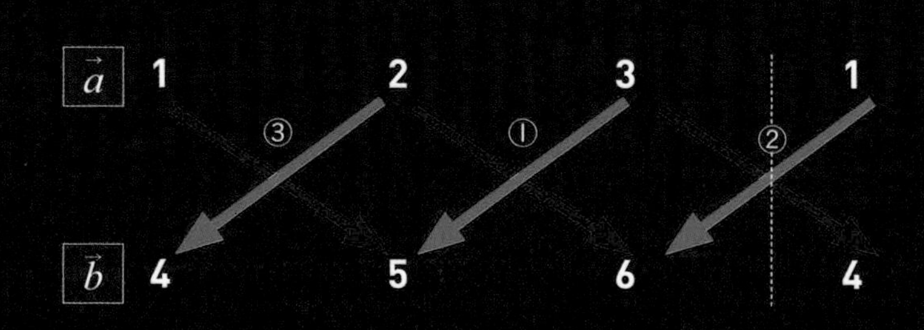

首先看①的部分。求出紅色箭頭相連分量之間的積（乘法運算的答案），並減去藍色箭頭相連分量之間的積，即「2×6－3×5」，這就是$\vec{a}\times\vec{b}$的x分量。
同樣地，②的計算結果為$\vec{a}\times\vec{b}$的y分量，③的計算結果為$\vec{a}\times\vec{b}$的z分量。
$\vec{a}\times\vec{b}$＝(2×6－3×5, 3×4－1×6, 1×5－2×4)＝(12－15, 12－6, 5－8)＝(－3, 6, －3)

外積的範例

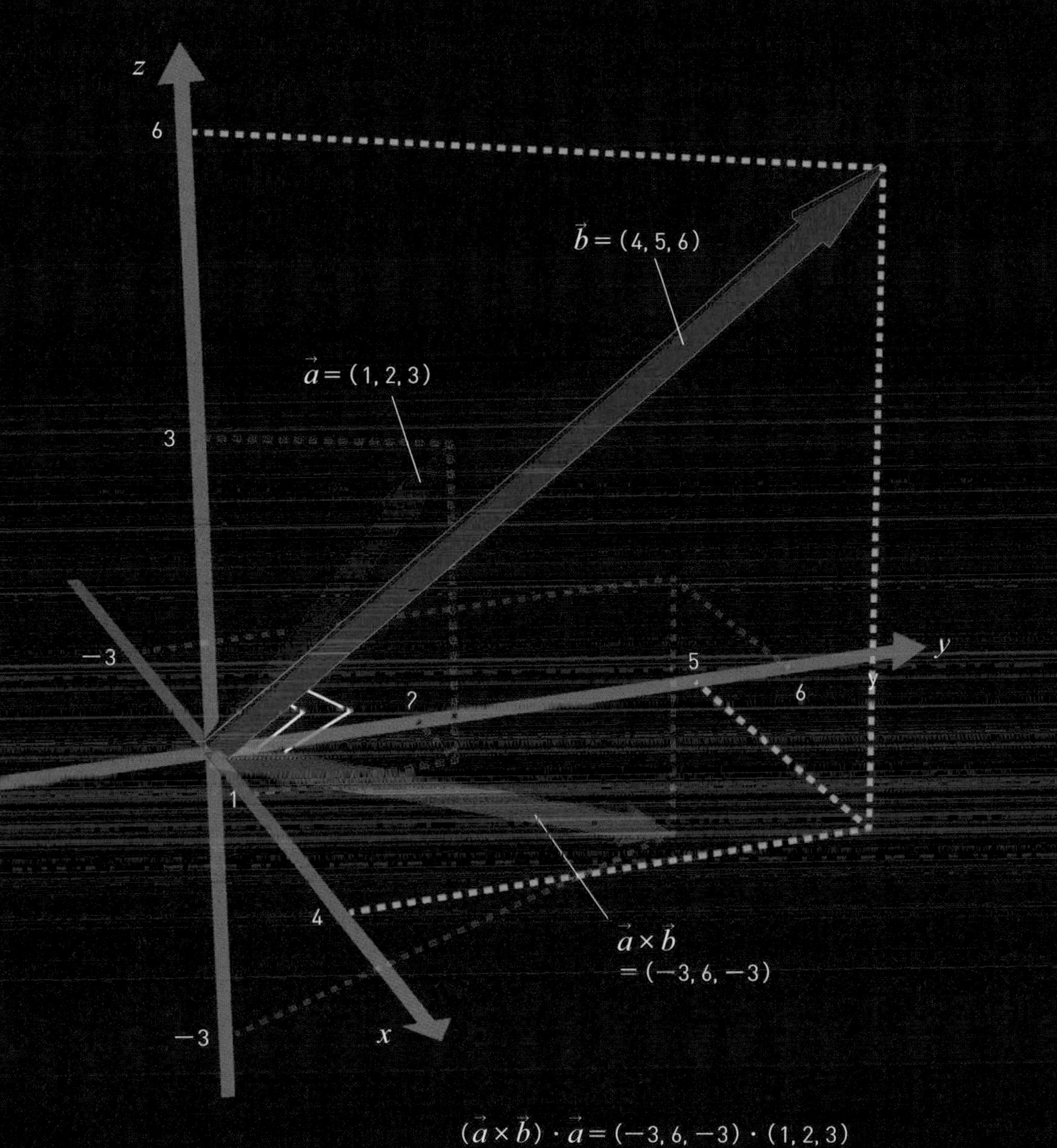

$(\vec{a}\times\vec{b})\cdot\vec{a}=(-3,6,-3)\cdot(1,2,3)$

$=-3\times1+6\times2+(-3)\times3$

$=-3+12-9=0$ <$\vec{a}\times\vec{b}$與$\vec{a}$為正交>

$(\vec{a}\times\vec{b})\cdot\vec{b}=(-3,6,-3)\cdot(4,5,6)$

$=-3\times4+6\times5+(-3)\times6$

$=-12+30-18=0$ <$\vec{a}\times\vec{b}$與$\vec{b}$為正交>

「向量」的介紹至此告一個段落，您覺得如何呢？

向量的加法運算、減法運算、乘法運算均有其獨特的規則，或許有些人在學校的課堂中也覺得難以掌握。但是，如果逐步地仔細理解向量，在觀察周遭物體的運動時，也會變得能夠輕易地看透了。

將力與速度視為「同時具有大小及方向的量」，在現代的數學與物理學中是不可或缺的觀念。

衷心期待您能以本書為契機，勇於挑戰難度更高的向量世界。

人人伽利略 科學叢書09

單位與定律

完整探討生活周遭的單位與定律！

針對生活中常用的單位，以及課堂中學過但不太了解的導出單位與特殊單位，本書統整出系統化的全面解說，助您釐清觀念、學習各種物理科學知識！

在制定單位的時候必須運用一些定律，這是因為發生在我們周遭的一切現象都依循著既定的規則，像是「相對性原理」、「自由落體定律」等等，範圍廣及宇宙、自然、化學、生物等領域。關於單位與定律的豐富內容，適合各年齡層一同深入探討。

人人伽利略系列好評熱賣中！

定價：400元

人人伽利略 科學叢書11

國中·高中物理

徹底了解萬物運行的規則！

本書以五大主題「力與運動」、「氣體與熱」、「波」、「電與磁」、「原子」分別解說各種物理知識，搭配原理與定律的重點整理，讀來章節分明、章章精彩。

還覺得物理只能靠死背，撐過去就對嗎？自然組唯有讀懂物理，才能搶得先機。無論是學生還是想進修的大人、想成為孩子「後援」的家長，都能在3小時內抓到訣竅！

人人伽利略系列好評熱賣中！

定價：380元

【 少年伽利略 32 】

向量
學好數學＆理解物理的關鍵

作者／日本Newton Press
特約編輯／洪文樺
翻譯／吳家葳
編輯／蔣詩綺
發行人／周元白
出版者／人人出版股份有限公司
地址／231028 新北市新店區寶橋路235巷6弄6號7樓
電話／（02）2918-3366（代表號）
傳真／（02）2914-0000
網址／www.jjp.com.tw
郵政劃撥帳號／16402311 人人出版股份有限公司
製版印刷／長城製版印刷股份有限公司
電話／（02）2918-3366（代表號）
經銷商／聯合發行股份有限公司
電話／（02）2917-8022
香港經銷商／一代匯集
電話／（852）2783-8102
第一版第一刷／2022年10月
定價／新台幣250元
港幣83元

國家圖書館出版品預行編目（CIP）資料

向量：學好數學＆理解物理的關鍵
日本Newton Press作；吳家葳翻譯. -- 第一版. --
新北市：人人出版股份有限公司, 2022.10
面； 公分. —（少年伽利略；32）
譯自：Newtonライト2.0 ベクトル
ISBN 978-986-461-309-0（平裝）
1.CST：向量空間 2.CST：通俗作品

313 111014555

Staff

Editorial Management 木村直之
Design Format 米倉英弘＋川口 匠（細山田デザイン事務所）
Editorial Staff 上月隆志，谷合 稔

Illustration

Cover Design 宮川愛理
2～9 Newton Press
9 小﨑哲太郎
10～77 Newton Press